이토록 풍부하고 단순한 세계

이토록 풍부하고 단순한 세계

1판 1쇄 인쇄 2022. 4. 8.
1판 1쇄 발행 2022. 4. 25.

지은이 프랭크 윌첵
옮긴이 김희봉

발행인 고세규
편집 강영특 디자인 유상현 마케팅 박인지 홍보 홍지성
발행처 김영사
등록 1979년 5월 17일(제406-2003-036호)
주소 경기도 파주시 문발로 197(문발동) 우편번호 10881
전화 마케팅부 031)955-3100, 편집부 031)955-3200 | 팩스 031)955-3111

값은 뒤표지에 있습니다.
ISBN 978-89-349-6174-1 03400

홈페이지 www.gimmyoung.com 블로그 blog.naver.com/gybook
인스타그램 instagram.com/gimmyoung 이메일 bestbook@gimmyoung.com

좋은 독자가 좋은 책을 만듭니다.
김영사는 독자 여러분의 의견에 항상 귀 기울이고 있습니다.

Fundamentals

Ten Keys to Reality

이토록 풍부하고
단순한 세계

실재에 이르는 10가지 근본

프랭크 윌첵

김희봉 옮김

김영사

베시에게

계시

조율된 다양성에서 태어난
조직화된 패턴들이 우리의 삶을 만든다.
태어나고, 배우고, 사랑하고, 원치 않지만 늙어간다—
우리의 타고난 재능, 우리가 인정하지 않은 한계.
우주는 고요 속에서 자라나고, 우리의 이해를 벗어난다.
천체들이 엷게 뿌려져서
이상적인 법칙에 복종하면서 뻗어나간다.
그들은 요람에서 노래하던 언어로 말하지 않는다.
시간은 변화이며, 공평하게 강요된다.
오래된 것들 속에서 우리는 놀라운 전망을 본다.
미소微小하지만 완벽한 시계가 시간의 활기를 증언한다.
시간은 우리보다 훨씬 전부터 있었고, 우리보다 훨씬 오래
산다.
내 마음속에서 나는 세계를 새롭게 만든다.
소중하고 가장 가까운 것은 언제나 당신이었다.

차례

서문: 다시 태어남 8

들어가는 글 20

I 존재하는 것들

1 공간이 풍부하다   35

2 시간이 풍부하다   74

3 성분은 아주 적다   100

4 법칙은 아주 적다   142

5 물질과 에너지가 풍부하다   187

II 시작과 끝

6   우주의 역사는 펼쳐진 책이다   211

7   복잡성이 창발한다   231

8   더 봐야 할 것이 많다   242

9   미스터리는 남아 있다   268

10   상보성은 마음을 확장한다   293

나가는 글: 집으로의 긴 여행   316

감사의 글   324

부록   325

옮긴이의 글   339

찾아보기   345

다시 태어남

I

이 책은 물리적 세계를 연구하면서 우리가 배울 수 있는 근본적인 것들을 다룬다. 나는 물리적 세계를 궁금해하고 현대 물리학이 알려주는 것들을 배우고 싶어 하는 사람들을 많이 만났다. 법조인, 의사, 예술가, 학생, 교사, 학부모이거나 단순히 호기심이 많은 사람들이었는데, 이 사람들에게는 지성이 있지만 지식이 없다. 이 책에서는 현대 물리학의 중심적인 메시지를 최대한 단순하게, 그렇지만 정확성을 양보하지 않으면서 전달하려고 한다. 나는 이 책을 쓰는 동안 호기심에 넘치는 친구들과 그들의 질문을 늘 염두에 두었다.

내가 보기에 이 근본적인 배움에는 물리적 세계의 작동에 관한 단순한 사실을 넘어서 훨씬 많은 것들이 들어 있다. 이 사실들은 강력하기도 하고 이상하고 아름답기도 하다. 게다가 이런 것들을 밝혀낸 생각의 방식 자체도 엄청난 성취이다. 이렇게 알려진 큰 그림 속에서 인간은 어떤 자리에 어떻게 맞물려 있는지 살펴보는 것도 중요하다.

II

나는 큰 원리 열 가지를 근본으로 선택해서, 열 개의 장에서 살펴볼 것이다. 각 장마다 하나씩의 주제를 여러 가지 관점에서 설명하고, 그런 다음에는 우리가 얻은 지식을 바탕으로 미래의 발전에 대해 추측해보려 한다. 알려진 것들을 근거로 추측을 해보는 것은 아주 재미있었다. 독자들이 읽기에도 흥미로우면 좋겠다. 이러한 추측에는 또 다른 근본적인 메시지가 있다. 물리적 세계에 대한 우리의 이해는 여전히 자라나며 변하고 있다는 것이다. 물리적 세계에 대한 우리의 이해는 살아 있다.

　나는 추측과 사실을 세심하게 분리했고, 사실에 대해서는 근거가 되는 관찰과 실험을 제시하고 설명했다. 어쩌면 이 모든 것들 중에서 가장 근본적인 메시지는, 우리가 물리적인 세계를 매우 깊이 이해한다는 사실 자체이다.

알베르트 아인슈타인이 말했듯이, "[우주를] 이해할 수 있다는 사실은 기적이다". 이것조차도 힘들여 얻은 발견이다.

우리가 물리적 우주를 잘 이해한다는 사실은 정말로 놀라운 일이기 때문에, 이것을 당연하다고 받아들이기보다 증명해야 한다. 가장 설득력 있는 증명은, 우리의 이해력이 비록 불완전하지만, 이 위대하고 놀라운 일을 해낼 수 있도록 되어 있다는 것이다.

나는 연구를 하면서 우리가 알고 있는 것들 사이의 빈틈을 메우려 애쓰고, 가능성의 경계를 확장하는 새로운 실험을 설계하기 위해 노력한다. 이 책을 쓰는 동안, 많은 시간과 공간에 걸쳐 여러 세대의 과학자와 엔지니어들이 협력해서 얼마나 놀라운 것들을 이루어놓았는지를 한 발 물러나서 살펴보는 것은 큰 기쁨이었다.

III

그 외에도 이 책은 종교적 근본주의를 대신할 만한 것을 제시하려는 목적도 있다. 동일한 기본 질문에 다가가지만, 문헌이나 전통이 아니라 물리적 실재에 길을 물으면서 접근하는 것이다.

나의 과학 영웅 중 많은 사람들(갈릴레오 갈릴레이, 요하네스 케플러, 아이작 뉴턴, 마이클 패러데이, 제임스 클러크 맥스웰)은 헌신적인 기독교 신자였다. (그들은 자신들의 시대와 환경을 대표하는 사람들이었다.) 그들은 신의 작품을 연구함으로써 신에게 다가갈 수 있고, 신의 영광을 드높일 수 있다고 생각했다. 아인슈타인은 일반적인 의미에서 종교적이라고 할 수 없지만, 그의 태도도 비슷했다. 그는 신(또는 "오래된 분the Old One")에 대해 자주 언급했고, 다음과 같은 유명한 말도 남겼다. "신은 미묘하지만 악하지 않다Subtle is the lord, but malicious he is not."

이 과학자들의 탐구에 담긴 정신, 그리고 여기 나의 탐구에 담긴 정신은, 종교적이건 반종교적이건 특정한 교조를 넘어선 것이다. 나는 이 주제에 대해 다음과 같은 방식으로 말하기를 좋아한다. 세계가 어떻게 작동하는지 연구하는 것은 신이 어떻게 행하는지 연구하는 것이며, 따라서 **신이란 무엇인지 알아가는 것**이다. 이러한 맥락에서 우리는 지식 추구를 일종의 예배로, 우리의 발견을 계시로 해석할 수 있다.

IV

이 책을 쓰면서 나는 세계를 다른 안목으로 보게 되었다.
이 책은 설명으로 시작했지만 성찰이 되어갔다. 이 문제
들에 대해 생각하다가 예기치 않게 두 가지 포괄적인 주
제가 떠올랐다. 나는 이 주제들의 명료함과 심오함에 깜
짝 놀랐다. 그중에서 첫 번째는 풍부함abundance이다. 세
계는 크다. 물론 맑은 밤하늘을 잘 쳐다보기만 해도 '저
밖에' 풍부한 공간이 있다는 것을 충분히 알 수 있다. 좀
더 주의 깊게 연구해서 크기를 수로 나타내고 나면, 우리
의 마음은 그에 걸맞은 감명을 받게 된다. 그러나 공간이
거대하다는 것은 자연이 풍부하다는 것을 보여주는 한
예일 뿐이고, 인간이 경험하는 핵심적인 면은 아니다.

우선 한 가지를 보면, 리처드 파인먼이 말했듯이 "바다에
는 풍부한 공간이 있다"(1959년에 미국 물리학회에서 행한 강
연 제목이며, 나노과학의 가능성을 이른 시기에 제시했다―옮긴
이). 사람의 몸에는 관측 가능한 우주에 있는 모든 별들보
다 더 많은 수의 원자가 들어 있고, 우리의 뇌는 우리 은
하에 있는 별의 수만큼이나 많은 뉴런으로 구성되어 있
다. 우리 내부의 우주는 저 바깥의 우주를 충분히 보완할
정도로 넓다.

시간도 공간과 마찬가지이다. 우주적 시간은 풍부하다.

빅뱅에서 지금까지의 시간에 비하면 인간의 수명은 너무나 보잘것없다. 나중에 다시 이야기하겠지만, 그렇다고 해서 인간의 수명이 결코 짧다고는 할 수 없다. 한 사람이 일생 동안 떠올릴 수 있는 생각의 수는 우주의 역사를 사람의 수명으로 나눈 수보다 훨씬 많다. 한 인간에게 허용된 내적인 시간은 매우 풍부하다.

물리적 세계도 마찬가지여서, 아직 밝혀낼 것도 많고 창조할 것도 많다. 과학에 따르면 우리 주변에는 아직 개발되지 않은 에너지와 자원이 이용 가능한 형태로 풍부하게 존재한다. 이러한 깨달음은 우리에게 힘을 주고 야망을 부추긴다.

사람의 감각 기관은 적절한 장치들의 도움이 없으면 과학 탐구에서 드러나는 실재의 아주 작은 조각들만을 인지한다. 예를 들어 우리의 시각을 살펴보자. 시각은 감각들 중에서도 외부 세계를 받아들이는 가장 넓고 가장 중요한 관문이다. 그러나 시각은 너무나 많은 것을 보지 못한다! 망원경과 현미경은 보물 같은 광대한 정보들을 드러내 보여준다. 이 정보들은 모두 빛 속에 암호화되어 들어 있지만, 맨눈으로는 알아볼 수 없다. 게다가 우리의 시각은 전자기파에서도 아주 제한적인 부분인 가시광선 영역만을 볼 수 있다. 이 영역 아래로 전파, 마이크로파,

적외선이, 위쪽으로는 자외선, 엑스선, 감마선 등이 있지만 우리는 전자기파의 이 영역들을 전혀 감지하지 못한다. 심지어 가시광선 영역 안에서도 우리는 색을 또렷하게 구별하지 못한다. 우리의 감각은 실재의 많은 면을 인지하지 못하지만, 우리는 정신의 능력으로 인간의 자연적 한계를 뛰어넘을 수 있다. 이것은 지각의 문을 넓히는 위대하고 지속적인 모험이다.

V

두 번째 주제는, 물리적 우주를 제대로 이해하기 위해서는 '다시 태어나야' 한다는 것이다.

이 책을 쓰는 중에 손자 루크가 태어났다. 나는 초고를 준비하면서 이 아이의 인생에서 처음 몇 달을 관찰하게 되었다. 아기는 눈을 크게 뜬 채 손을 꼼지락거리다가, 손을 마음대로 움직일 수 있다는 것을 깨닫는다. 나는 아기가 손을 뻗어 외부 세계의 물체를 만지면서 기뻐하는 모습을 보았다. 아기는 실험을 하는 것이다. 물체를 들었다가, 떨어뜨렸다가, 다시 찾았다가, 똑같이 되풀이하고(또 되풀이하고…), 결과를 확신하지 못하는 듯 고개를 갸우뚱하다가, 자기가 알아낸 것이 기뻐 웃음을 터뜨렸다.

나는 루크가 이런저런 방식으로 세계의 모형을 구성해 나가는 것을 지켜보았다. 아기인 루크는 거의 아무런 선입관 없이, 만족할 줄 모르는 호기심으로 자기 앞의 세계에 다가갔다. 세계와 상호작용하면서 아이는 거의 모든 어른들이 당연하게 여기는 것들을 배웠다. 세계는 나와 내가 아닌 것으로 분리되어 있다는 것, 내 몸의 움직임은 내가 통제할 수 있지만 내가 아닌 것은 통제하지 못한다는 것, 내가 물체를 보는 것만으로는 그 물체의 성질이 변하지 않는다는 것 따위를 배우는 것이다.

아기들은 작은 과학자와 같아서, 실험을 하고 결론을 얻는다. 그러나 그들이 하는 실험은 현대 과학의 표준으로 보면 매우 거칠다. 아기들은 망원경, 현미경, 분광계, 자력계, 입자가속기, 원자시계, 또는 우리의 가장 올바르고 가장 정확한 세계 모형을 구성하기 위한 여러 장치들 없이 실험을 한다. 그들의 경험은 좁은 온도 범위에 국한되며, 그들은 아주 특별한 화학적 조성과 기압의 대기 속에 잠겨 있다. 지구의 중력은 그들을(그리고 환경의 모든 것들을) 아래로 당기고, 지구의 표면은 그것들을 떠받친다… 등등.

아기들은 **그들의 지각과 환경의 한계** 안에서 자기들이 겪은 경험으로 세계 모형을 만든다. 실용적인 목적으로 볼 때 그것은 올바른 계획이다. 우리가 아이였을 때 일상의 세계에 대처하기 위해 이러한 방식으로 교훈을 얻는 것은 효율적이며 신뢰할 만한 방법이다.

그러나 현대 과학은 물리적 세계가 우리가 아기였을 때 구성한 모형과 아주 다르다는 것을 보여준다. 세계에 다시 한번 선입관 없이 호기심을 갖고 접근한다면, 우리가 다시 태어날 수 있다면, 우리는 세계를 다르게 이해하게 될 것이다.

우리는 어떤 것들을 배워야 한다. 세계는 몇 개의 빌딩 블록으로 만들어져 있다. 이 빌딩 블록들은 우리에게 낯선, 엄격한 규칙들을 따른다.

반대로 어떤 것들은 잊어버려야 한다.

무엇보다, 양자역학에 따르면 우리가 어떤 물체를 관찰할 때, 그 물체를 교란하지 않고는 관찰할 수가 없다. 우리는 동일한 외부 세계를 보면서도 사람마다 다른 메시지를 받게 된다. 두 사람이 어두운 방에 함께 있고, 침침한 빛을 관찰한다고 하자. 그 빛을 아주 희미하게, 예를 들어 천을 한 겹씩 덮으면서 약하게 한다고 하자. 이렇게 빛을 약하게 하다 보면 결국은 두 사람이 모두 간헐적인 불빛만 보게 될 때가 온다. 그러나 이때는 두 사람이 불빛을 각각 다른 시간에 보게 된다. 빛은 양자들로 이루어지며, 양자가 한 사람의 눈에 들어가면 다른 사람의 눈에는 그 양자가 들어갈 수 없다. 이러한 근본적인 수준에서 우리는 같은 세계 안에 있으면서도 각자 서로 다른 세계를 경험한다.

정신물리학psychophysics에 따르면 의식은 대부분의 일 처리에 직접 나서지 않으며, 무의식적 장치들이 처리한 일들을 그저 보고만 받는다고 한다. 경두개 자기 자극 방법TMS, transcranial magnetic stimulation을 사용하면 좌뇌 또는 우뇌의 운동 중추를 신중하게 자극할 수 있다. 잘 조절된 TMS 신호를 우뇌의 운동 중추에 전달하면 왼쪽 손목을 움직일 수 있고, 좌뇌의 운동 중추에 전달하면 오른쪽 손목을 움직일 수 있다. 알바로 파스쿠알-리오니는 이 기술을 이용하여 단순하지만 심대한 의미를 지닌 실험을 했다. 그는 피험자에게 신호를 받으면 왼쪽과 오른쪽 손목 중에서 어느 쪽을 움직일지 결정하라고 했다. 그다음에 다시 신호를 받으면 앞에서 결정했던 대로 행동하라고 했다. 피험자를 뇌 스캐너 안에 두고 이 실험을 진행해서 실험자가 뇌의 운동 영역이 운동을 준비하는 것을 관찰할 수 있게 했다. 피험자가 오른쪽 손목을 움직이기로 했다면 뇌의 왼쪽 운동 영역이 활성화된다. 피험자가 왼쪽 손목을 움직이려고 했다면 오른쪽 운동 영역이 활성화된다. 이런 방식으로, 피험자가 행동하기 전에 그가 어떤 선택을 했는지 알아맞힐 수 있다.

파스쿠알-리오니는 이 실험을 살짝 비틀어서 흥미로운 결론을 끌어냈다. 그는 때때로 피험자의 선택과 반대되는 TMS 신호로 뇌의 운동 영역을 자극했다. 이 경우에 피험자의 의지가 아니라 TMS 신호에 따라 손목이 움직였다. 놀라운 것은 이 상황에서 피험자가 자기의 행동을 설명한 방식이다. 그들은 어떤 외적인 힘에 의해 그렇게 행동했다고 말하지 **않았다**. 그들은 이렇게 말했다. "내가 마음을 바꿨어요."

물질에 대한 자세한 연구에 따르면 우리의 몸과 뇌, 즉 '자아'의 물리적 기반은 직관과는 전혀 다르게 '자아가 아닌' 것과 같은 물질로 만들어져 있다. 자아와 비非자아는 연속적인 것으로 보인다.

아기였을 때부터 사물을 이해하려고 서두르는 동안, 우리는 세계와 우리 자신을 오해하는 법을 배운다. 더 깊이 이해하기 위해서는 배울 것도 많고 틀린 것을 바로잡아야 할 일도 많다.

VI

다시 태어나는 과정은 혼란스러울 수 있다. 하지만 롤러코스터를 타는 것처럼 짜릿한 경험이 될 수도 있다. 그리고 이 과정은 선물을 가져다준다. 과학으로 다시 태어난 사람들에게 세계는 신선하고, 명쾌하고, 놀랍도록 풍부해 보인다. 다시 태어난 사람들은 윌리엄 블레이크가 마음속에 품었던 전망을 실현하는 삶을 살게 된다.

모래 한 알에서 세계를 보고
들꽃 한 송이에서 천국을 본다.
손바닥에 무한을 쥐고
한 시간에 영원을 담는다.

I

우주는 이상한 곳이다.

갓 태어난 아기들에게 세계는 어리둥절한 인상들을 뒤죽박죽 펼쳐놓는다. 이것들을 분류하는 과정에서 아기는 곧 내부 세계에서 오는 메시지와 외부 세계에서 오는 메시지를 구별하는 법을 배운다. 내부 세계에는 배고픔, 고통, 포근함, 졸음과 같은 느낌과 꿈속 세계의 두 가지가 함께 있다. 물론 그 안에는 응시하고, 붙잡고, 그러다가 곧 말까지 하도록 안내하는 자기의 생각도 들어 있다.

외부 세계는 정교한 지적 구성물이다. 아기는 이것을 자기 속에 구성하는 데 많은 시간을 바친다. 아기는 자신이 인지하는 것들 중에는 자기 몸과 달리 일관되게 자기 생각에 반응하지 않는 어떤 안정된 패턴이 있다는 것을 알게 된다. 아기는 이 패턴들을 외부의 물체들로 분류한다. 그러면서 물체들이 얼마간 예측 가능한 방식으로 행동한다는 것을 알게 된다.

마침내 우리의 아기는 자라서 아이가 되고, 어떤 물체들은 자기와 비슷한 존재이며, 그 존재와 소통할 수 있다는 것을 깨닫는다. 그 존재들과 정보를 교환한 뒤에, 아이는 그들 역시 내부와 외부 세계를 경험하고, 놀랍게도 그들도 많은 공통의 물체들을 경험한다는 것을 알게 되며, 그들에게도 그 물체들이 자기가 아는 것과 같은 규칙을 따른다고 확신하게 된다.

II

공통의 외부 세계, 다시 말해 물리적 세계를 이해한다는 것은 물론 많은 면에서 현실적으로 중요한 문제이다. 예를 들어 수렵 채집 사회에서 살아남기 위해 우리의 아이는 어디에 가면 물이 있는지, 어떤 동물과 식물을 먹을 수 있는지, 이 동식물들을 어떻게 기르거나 사냥할 수 있으며, 어떻게 음식을 준비하고 조리할 수 있는지를, 그 외에도 여러 가지 사실과 재주들을 배우게 된다.

더 복잡한 사회에서는 다른 것들을 배워야 한다. 예를

들어 전문화된 도구를 만드는 법, 무너지지 않고 오래가는 구조물을 만드는 법, 시간을 재는 법이 필요하다. 물리적 세계가 부과하는 문제들에 대한 성공적인 해결책들이 발견되고, 여러 사람들에게 퍼지고, 후손들에게도 알려진다. 이것들이 세대를 걸쳐 쌓여서 그 사회의 '기술'이 된다.

과학이 발전하지 않은 사회에서도 풍부하고 복잡한 기술이 나온다. 이러한 기술들 중 일부는 북극이나 칼라하리 사막과 같은 어려운 환경에서도 사람들이 살아갈 수 있게 해주었고, 지금도 활용된다. 또 어떤 기술들은 거대한 도시와 이집트나 중앙아메리카의 피라미드와 같은 인상적인 기념물의 건설을 가능하게 했다.

과학적인 방법이 나오기 전까지, 인류의 역사 거의 전체에서 기술의 발전은 거의 우연에 맡겨져 있었다. 어쩌다 성공적인 기술이 나타나면 이것들은 고정된 절차, 의식, 전통의 형태로 전승되었다. 여기에서는 논리적인 체계가 나오지 못했고, 그 기술을 혁신하려는 체계적인 노력도 존재하지 않았다.

주먹구구에 의지하는 기술만으로도 사람들은 생존과 번식뿐만 아니라 여가를 즐기는 만족스러운 생활을 할 수 있었다. 대부분의 문화에서, 역사의 대부분의 기간 동안에, 사람들은 그것으로 충분했다. 사람들은 그들이 무엇을 놓쳤는지를, 또는 그들이 놓친 것이 그들에게 중요할 수 있다는 것을 알 방법이 없었다.

하지만 이제 우리는 그들이 놓친 것이 많다는 점을 알고 있다. 인간의 생산성 발전을 시간에 따라 보여주는 아래 그림이 상황을 잘 설명한다.

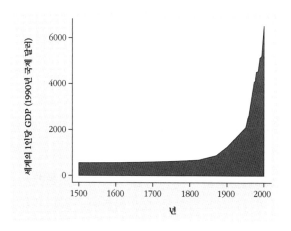

III

세계를 이해하는 현대적 접근법은 17세기에 유럽에서 나타났다. 물론 그전에도, 다른 지역에서도 부분적인 조짐은 있었다. 그러나 과학혁명이라고 부르는 수많은 돌파구들이 이 시기부터 유럽에서 집중적으로 쏟아져 나왔고, 이것들을 물리적 세계에 창조적으로 적용했을 때 얼마나 큰 성취를 이룰 수 있는지 여실히 보여주는 사례들이 나왔다. 또한 이러한 돌파구들을 찾아낸 방법과 태도는 미래를 개척해나가는 명확한 모형을 주었다. 이러한 요인들에 의해 우리가 아는 과학이 시작되었다. 한번 시작된 과학은 결코 뒤를 돌아보지 않는다.

17세기에 여러 분야에서 이론적으로나 기술적으로 엄청난 발전이 일어났다. 여기에는 기계와 선박의 설계, 광학 기기(특히 현미경과 망원경을 포함해서), 시계, 달력 등이 포함된다. 이 발전의 직접적인 결과로 사람들은 더 큰 힘을 행사하고, 더 많은 것을 보고, 자신들이 하는 일을 더 확실하게 통제할 수 있게 되었다. 그러나 이른바 과학혁명이 진정으로 독특한 점, 그런 이름으로 불릴 가치가 있는 이유는, 앞에서 말한 성과들과 같은 가시적인 것이 아니다. 그것은 과학혁명이 가져온 전망의 변화, 새로운 야심과 새로운 확신 때문이다.

사실을 존중하고 자연으로부터 배우는 겸허함과, 배운 것을 원래의 범위를 넘어 가능한 모든 곳에 적용해보는 체계적인 과감함, 이 두 가지를 합친 것이 케플러, 갈릴레오, 뉴턴의 방법이다. 이러한 시도가 성공하면 유용한 무언가를 발견하게 되고, 실패해도 중요한 교훈을 얻게 된다. 나는 이러한 태도를 급진적 보수주의라고 부르며, 이것이 과학혁명의 본질적인 혁신이라고 본다.

급진적 보수주의는 자연으로부터 배우고 사실을 존중하라고 요구하기 때문에 보수적이다. 이것이 이른바 과학적 방법의 핵심적인 면이다. 그러나 이것은 급진적이기도 하다. 배운 것을 가치가 있는 모든 것에 적용해보기 때문인데, 이것도 똑같이 과학의 실행에 필수적인 면이다. 이런 것들에 의해 과학은 최첨단을 유지한다.

IV

이 새로운 전망은 무엇보다도, 오래전에 시작되어 17세기에 이미 완숙한 분야였던 천체역학에서 영감을 얻었다. 천체역학은 하늘에 있는 물체가 어떻게 움직이는지 설명하는 학문이다.

역사가 기록되기 오래 전부터 사람들은 밤과 낮의 교대, 계절의 순환, 달이 차고 기우는 것, 별의 질서 있는 운행과 같은 규칙성을 알고 있었다. 농업이 시작되면서 씨앗을 심고 거두는 시기를 결정하기 위해 계절의 변화를 잘 알아야 했다. 방향이 잘못되기는 했지만, 천체를 정확하게 관측해야 할 또 다른 이유도 있었다. 인생이 우주의 리듬과 직접 관련되어 있다는 믿음, 즉 점성술이었다. 어쨌든 사람들은 단순한 호기심을 포함해서 여러 가지 이유로 하늘을 주의 깊게 연구했다.

대부분의 별들이 어느 정도 단순하고 예측 가능한 방식으로 움직인다는 것이 알려졌다. 오늘날 우리는 별들의 겉보기 운동이 지구가 돌기 때문에 나타난다고 해석한다. 항성, 즉 '붙박이별'은 너무 멀리 떨어져 있어서, 그들 자신의 고유한 움직임 때문이든 태양의 둘레를 도는 지구의 움직임 때문이든 간에 아주 조금씩 거리가 변해도 맨눈으로는 알아볼 수 없다. 그러나 몇몇 예외적인 천체들, 해, 달, 맨눈에 보이는 '떠돌이별'인 수성, 금성, 화성, 목성, 토성은 그러한 패턴을 따르지 않는다.

옛날의 천문학자들은 여러 세대에 걸쳐 이 특별한 천체들의 위치를 기록했고, 마침내 그 천체들의 운행을 예측하는 법을 꽤 정확하게 알아냈다. 이 일에는 기하학과 삼각법의 계산이 필요했고, 이것들은 복잡하지만 완벽하게 확실한 처방을 따른다. 프톨레마이오스(서기 100년경–170년경)는 이 계산들을 하나의 수학적인 문헌으로 펴냈고, 이것이 《알마게스트Almagest》로 알려지게 되었다.

('Magest'는 그리스어로 '가장 위대하다'라는 뜻의 최상급 형용사이며, '장엄하다'는 뜻의 'majestic'과 같은 어근이다. 'Al'은 단순히 정관사 'the'에 해당하는 아랍어이다.)

프톨레마이오스가 해낸 종합은 대단한 업적이었지만 두 가지 단점이 있었다. 하나는 너무 복잡하다는 것, 그리하여 아름답지 않다는 것이었다. 특히 행성의 운동을 계산하는 데 사용된 여러 수들은 순전히 관측을 계산에 끼워 맞추기 위해 임의로 결정되었고, 일관된 원리가 없었다. 코페르니쿠스(1473 – 1543)는 이 값들의 일부가 놀라울 정도로 단순한 방식으로 서로 관련되어 있다는 것을 알아냈다. 지구가 금성, 화성, 목성, 토성과 함께 태양을 중심에 두고 공전한다고 가정하면, 이 신비스러운 '우연의 일치'를 기하학적으로 설명할 수 있었다.

프톨레마이오스의 종합에서 두 번째 단점은 더 간단하다. 그것은 정확하지 않다는 것이었다. 튀코 브라헤(1546 – 1601)는 오늘날의 '거대 과학'이라고 할 만한 것을 그 시대에 해냈다. 그는 많은 돈을 들여서 정교한 측정 장치들을 갖춘 관측소를 만들었고, 여기에서 행성 운동을 훨씬 더 정밀히 관측할 수 있었다. 이 새로운 관측에서 프톨레마이오스의 예측과 확실히 다른 값이 나왔다.

요하네스 케플러(1571 – 1630)는 단순하면서도 정확한 행성 운동의 기하학적 모형을 만들었다. 그는 코페르니쿠스의 아이디어를 통합했고 프톨레마이오스의 모형에 다른 중요한 기술적 변화를 주었다. 구체적으로, 그는 태양 주위를 도는 행성 궤도를 단순한 원에서 타원으로 바꿨고, 타원의 두 초점 중 하나에 태양이 있다고 했다. 그는 또한 행성들이 태양으로부터 거리가 멀어지면 공전 속도가 느려지고 가까워지면 공전 속도가 빨라져서 행성이 같은 시간 동안에 같은 넓이를 쓸고 지나가도록 했다. 이렇게 고치고 나자 체계가 상당히 단순해졌고, 더 잘 작동했다.

다시 지구 표면으로 돌아와서, 갈릴레오 갈릴레이(1564-1642)는 경사면에서 공이 굴러 내려간다든가 진자가 흔들리는 등의 단순한 운동 형태를 주의 깊게 연구했다. 시간과 위치에 숫자들을 부여하는 이 소박한 연구는 세계가 어떻게 작동하는가에 대한 거대한 질문에 불쌍할 정도로 어울리지 않아 보였다. 확실히 철학의 거창한 질문에 관심을 둔 동시대의 학자들은 이런 연구를 사소하다고 여겼을 것이다. 그러나 갈릴레오는 다른 종류의 이해를 갈망했다. 그는 **모든 것**을 모호하게 알기보다 **일부라도** 정확하게 알고 싶어 했다. 그는 보잘것없는 관찰을 완전히 기술하는 확실한 수학 공식을 찾으려고 했고,

그것을 해냈다.

아이작 뉴턴(1643 – 1727)은 케플러의 행성 운동의 기하학과 갈릴레오의 지구상의 운동에 대한 동역학적 설명을 하나로 엮었다. 그는 케플러의 행성 운동 이론과 갈릴레오의 운동 이론이 모두 일반 법칙의 특별한 경우임을 입증했다. 이 일반 법칙은 모든 물체들에 대해 모든 시간에 걸쳐 적용된다. 뉴턴의 이론은 오늘날 우리가 고전역학이라고 부르는데, 지구에서 일어나는 밀물과 썰물을 설명하고 혜성의 궤도를 예측하는 등 승리를 거듭했고, 엔지니어링의 새로운 묘기를 가능하게 했다.

뉴턴의 연구는, 설득력 있는 예를 통해 단순한 사례들에 대한 상세한 이해를 축적해서 거대한 문제들을 해결할 수 있다는 것을 보여주었다. 뉴턴은 이 방법을 **분석과 종합**이라고 불렀다. 이것이 과학의 급진적 보수주의의 원형이다.

뉴턴은 이 방법에 대해 다음과 같이 설명했다.

수학에서와 마찬가지로 자연철학에서도 어려운 것을 탐구할 때는 구성의 방법보다 먼저 분석의 방법을 써야 한다. 분석은 실험과 관찰로 이루어지고, 이것들로부터 귀납에 의해 일반적인 결론을 끌어낸다. … 이러한 분석 방법에 의해 우리는 복합물에서 성분으로, 운동에서 그 운동을 일으키는 힘으로 나아간다. 그리고 일반적으로 결과에서 원인으로, 특별한 원인에서 조금 더 일반적인 원인으로, 마침내 가장 일반적인 원인을 찾아내서 논증이 끝날 때까지 나아간다. 이것이 분석의 방법이다. 종합이란 이렇게 발견된 원인이 원리로 확립되었음을 전제로 삼아, 이것들로부터 일어난 현상을 설명하고, 그 설명을 증명하는 것이다.

V

뉴턴을 떠나기 전에, 그의 선배인 갈릴레오와 케플러와 뉴턴이 서로 밀접하게 관련되어 있으며, 그들의 발자취를 그대로 따라가는 우리 모두가 밀접한 관계임을 보여주는 뉴턴의 또 다른 인용구를 추가하는 것이 적절해 보인다.

자연 전체를 설명하는 일은 한 사람이 달성하기 어려우며, 심지어 어느 한 시대에 달성하기에도 너무나 벅찬 일이다. 작은 부분이나마 확실하게 설명하고 나머지는 다음 사람들에게 넘기는 것이 훨씬 낫다.

좀 더 최근에 나온, 존 R. 피어스(1910 – 2002, 미국의 엔지니어이자 SF 작가—옮긴이)의 말을 보자. 현대 정보과학의 선구자인 피어스는 과학적 이해의 현대적 개념과 다른 모든 접근 방식 사이의 차이를 멋지게 포착했다.

우리는 우리의 이론이, 설명하려고 하는 매우 광범위한 현상과 세부적으로 조화를 이루기를 요구한다. 그리고 우리는 이론이 그럴듯한 설명보다는 유용한 지침을 제공한다고 주장한다.

피어스가 예리하게 인지했듯이, 높아진 기준에는 고통스러운 대가가 따른다. 순진함을 잃는 것이다. "우리는 다시는 그리스 철학자들이 했던 것처럼 자연을 이해할 수 없을 것이다. … 우리는 너무 많이 알고 있다." 이 대가는 그리 크지 않다고 나는 생각한다. 어쨌든 과거로 돌아갈 수는 없다.

Fundamentals

1

공간이 풍부하다

외부의 풍부함과 내부의 풍부함

관측 가능한 우주이든 인간의 뇌이든, 무엇이 크다고 말한다면 우리는 이렇게 물어야 한다. 무엇과 비교해서 큰가? 가장 자연스러운 비교 대상은 일상생활의 영역이다. 우리가 어릴 때 처음으로 구성하는 세계 모형은 일상생활의 영역을 대상으로 한다. 우리는 다시 태어나기로 한 뒤에야, 과학이 밝혀낸 거대한 물리적 세계 속에 우리가 살고 있다는 것을 알게 된다.

일상생활의 기준으로 볼 때, '저 바깥'의 세계는 참으로 거대하다. **외부의 풍부함**이란 맑은 날 별이 가득한 밤하늘을 쳐다볼 때 직관적으로 느끼는 바로 그것이다. 세심하게 분석할 필요도 없이 우리는 우주의 거리가 사람의 몸 크기나 사람이 갈 수 있는 어떤 거리보다 더 크다는 것을 느낀다. 과학은 이 크다는 느낌을, 확인해주는 정도를 넘어서 훨씬 더 확장한다.

우주의 광활함은 사람들에게 압도되는 느낌을 준다. 프랑스의 수학자이자 물리학자이며 신앙심 깊은 철학자이기도 했던 블레즈 파스칼(1623 – 1662)은 이런 느낌으로 괴로워했다. 그는 이렇게 썼다. "우주는 내가 한 점의 먼지인 양 붙들고 삼켜버린다."

파스칼이 느꼈던 감정을 대략 말하자면, "나는 **아주** 미미한 존재이고, 나는 우주에 전혀 영향을 주지 못한다"는 것이다. 이런 생각은 문학, 철학, 신학에서 자주 나오는 주제이며, 기도와 찬송에서도 많이 나온다. 이런 느낌은 우주와 인간의 크기를 비교할 때 나오는 자연스러운 반응이다.

그러나 좋은 소식은, 단순히 크기가 전부는 아니라는 것이다. 우리 **내부의 풍부함**도 미묘하기는 하지만 그에 못지않게 크다. 저 위에서가 아니라 밑바닥에서 사물을 본다면, 우리가 얼마나 큰지 실감할 수 있다. 바닥에는 풍부한 공간이 있다. 진정으로 중요한 맥락에서, 사람은 매우 풍부하다고 할 만큼 크다.

초등학교 때 우리는 물질을 이루는 기본 단위는 원자

와 분자라고 배웠다. 원자와 분자의 수준에서 본다면, 사람의 몸은 어마어마하게 크다고 할 수 있다. 한 사람의 몸에 들어 있는 원자는 대략 10^{28}개이다. 1 다음에 0이 28개가 나오는 이 수를 직접 써보면 다음과 같다. 10,000,000,000,000,000,000,000,000,000.

이 정도로 큰 수는 우리가 눈으로 볼 수 있는 범위를 한참 넘어선다. 하지만 여기에 이름을 붙일 수 있고, 이것을 1양穰이라고 부른다(영어로는 10octillion이다—옮긴이). 요령을 조금만 배우고 익히면 이런 수들을 계산할 수 있지만, 이 정도로 큰 수는 우리의 직관을 압도한다. 우리가 가진 직관은 일상의 경험에서 다듬어진 것이고, 우리는 결코 이 정도로 큰 수를 세지 않는다. 이 수만큼의 점을 하나하나 찍어서 시각화한다고 해도, 머릿속에서 상상할 수 있는 한계를 크게 넘어선다.

맑은 밤하늘에 달이 없을 때 맨눈으로 망원경 없이 볼 수 있는 별의 수는 기껏해야 수천 개쯤이다. 반면에 우리 몸을 이루는 원자의 수인 1양은, 관측 가능한 우주 전체에 있는 별의 수보다 백만 배 크다. 이러한 구체적인 의미에서, 우리 안에 우주가 들어 있다고 할 만하다.

미국의 호방한 시인 월트 휘트먼(1819-1892)은 내적인 광대함을 본능적으로 느꼈다. 그는 〈나 자신의 노래〉

에서 이렇게 썼다. "나는 크고, 많은 것을 담고 있다." 풍부함에 대해 환호하는 휘트먼의 찬양은 파스칼이 우주를 보면서 한없이 압도당할 때의 느낌과 똑같이 객관적 사실을 근거로 하고 있으며, 우리의 실제적인 경험이라는 측면에서 훨씬 더 중요하다.

세계는 거대하지만, 사람도 작지 않다. 규모를 크게 하거나 작게 해도 공간이 풍부하다는 것이 더 잘 맞는 말이다. 우주가 크다는 이유만으로 우주에 압도될 필요는 없다. 우리는 크다. 우리는 충분히 크며, 특히 우주를 마음속에 담을 만큼 크다. 파스칼 자신도 이러한 통찰에서 위안을 얻었다. 그는 "우주는 내가 한 점의 먼지인 양 붙들고 삼켜버린다"고 한탄했지만, "나는 생각 속에서 우주를 파악할 수 있다"면서 위안을 찾는다.

이 장의 주제는 공간의 풍부함이며, 외부의 풍부함과 내부의 풍부함을 모두 다룬다. 우리는 이에 관련된 확고한 사실들을 더 깊이 들여다볼 것이며, 그 한계를 조금 넘어서는 정도까지 살펴볼 것이다.

외부의 풍부함:
우리가 알고 있는 것과 그것을 알아낸 방법

들어가며: 기하학과 실재

우주적 거리에 대한 과학적 논의는 물리적 공간에 대한 우리의 이해와 그것을 재는 방법을 바탕으로 구축되었다. 이것이 기하학이다. 그러므로 기하학과 실재가 어떻게 관련되는지에 대해 먼저 알아보자.

우리는 매일 마주치는 직접적인 경험을 통해, 물체를 그 성질을 바꾸지 않으면서 이곳에서 저곳으로 옮길 수 있다는 것을 안다. 일종의 그릇처럼 물체들을 담는 '공간'이라는 개념이 여기에서 생겨난다.

측량, 건축, 항해와 같은 실생활의 필요 때문에 사람들은 인접한 물체들 사이의 거리와 각도를 재게 되었다. 이러한 작업을 통해 사람들은 유클리드 기하학에서 나타나는 규칙성을 발견했다.

실용적인 기술들이 더 확장되고 더욱 필요해짐에 따라 기하학이라는 인상적인 이론 체계가 나타났다. 유클리드 기하학은 엄청난 성공을 거두었고, 그 논리적 구조는 대단히 장엄했다. 그렇기에 유클리드 기하학이 물리적 실재에 대한 기술記述로서 타당한지를 비판적으로 검토하려는 시도는 거의 없었다. 19세기 초에 모든 시대에 걸쳐 가장 위대한 수학자 카를 프리드리히 가우스(1777 – 1855)가 이것을 실제로 점검해보아야 한다고 생각했다. 그는 독일에서 서로 멀리 떨어져 있는 산으로 이루어진 삼각형의 각도를 측정했고, 유클리드가 예측한 대로 측정 오차 범위 안에서 그 각도의 합이 180도임을 확인했다. 오늘날의 GPS Global Positioning System(범지구위치결정시스템)는 유클리드 기하학을 바탕으로 한다. GPS는 가우스가 수행했던 것과 같은 측정을 매일 수백만 번씩 되풀이하는데, 물론 더 큰 규모에서 훨씬 더 정밀하게 측정한다. GPS가 어떻게 작동하는지 잠시 살펴보자.

GPS를 사용해서 내가 있는 위치를 알아내기 위해서는, 지구 위에 높이 떠 있는 인공위성들이 보내는 전파를 수신해야 한다. 이 인공위성들은 자기가 어디에 있는지 정확히 알고 있다. (어떻게 알아내는지에 대해서는 나중에 살펴보자.) 현재 30대 이상의 GPS 위성이 지구 전체에 걸쳐 하늘에 전략적으로 배치되어 있다. 이 인공위성들이 내보내는 전파에는 말이나 음악이 들어 있지 않으며, 컴퓨터에 사용되는 디지털 형식으로 자기가 무엇인지 알려주는 간단한 메시지가 들어 있다. 이 메시지에는 송출된 시간에 관한 정보도 들어 있다. 각각의 인공위성에는 매우 정확한 원자시계가 장착되어 있어서, 이 시계에 의해 송출 시간의 정확성이 보장된다. 그다음 과정은 다음과 같다.

1. GPS 장치가 몇 대의 인공위성에서 신호를 받는다. 이 장치는 지상에서 방송되는 방대한 시간 정보도 함께 수신해서 현재 시각을 알아내고, 위성에서 신호가 출발해서 장치에 도착할 때까지의 시간을 계산한다. 신호의 전달 속력이 알려져 있으므로(빛의 속력이다), 신호 전달에 소요된 시간을 알면 위성까지의 거리도 알 수 있다.

2. 이렇게 계산한 거리와 위성들이 보내온 위치 정보로, 유클리드 기하학을 이용해서 컴퓨터가 나의 위치를 계산한다. 이 계산에 삼각법이 사용된다.

3. 컴퓨터가 결과를 알려주어서, 내가 어디에 있는지 알 수 있다.

실제로 사용되는 GPS에는 여러 가지 기발한 기술적 장치들이 많이 들어가 있지만, 지금 설명한 것이 핵심 아이디어이다. 이 방법은 알베르트 아인슈타인이 특수상대성에 대해 쓴 첫 번째 논문에 나오는 좌표계의 '사고 설계'와 오싹할 정도로 닮았다. 1905년에 그는 빛과 전달 시간을 이용해서 공간적 위치를 알아내는 방법을 예견했다. 아인슈타인이 이 아이디어를 좋아한 이유는, 기초 물리학(빛의 속력이 일정하다)을 이용해서 공간상의 위치를 알아내기 때문이었다. 기술은 사고 실험을 실제로 구현하기도 한다.

시각적 상상을 훈련하기 위해, 인공위성 네 대와 나 사이의 거리를 알면(인공위성의 위치도 주어진다) 나의 위치를 결정하기에 충분한 정보가 제공된다는 것을 연습문제로 풀어보아도 좋다.

(힌트: 인공위성에서 같은 거리만큼 떨어져 있는 점들은 그 인공위성을 중심으로 하는 동일한 구면 위에 있다. 위성이 둘이고 그 위성들을 중심으로 하는 두 개의 구를 생각하면, 두 구는 하나의 원에서 만나거나 만나지 않는다. 나의 위치는 이 원 위의 어딘가에 있다. 물론 두 구가 만나지 않을 수도 있지만, 나의 위치를 찾으려면 만나는 게 좋다! 이제 세 번째 위성을 중심으로 하는 구가 이 원을 만난다. 일반적으로 구는 원과 두 점에서 만난다. 마지막으로, 네 번째 위성의 구를 이용하면 두 점 중에서 어느 쪽에 내가 있는지 알 수 있다.)

이제 GPS 위성이 어떻게 자기 위치를 아는지 살펴보자. 정확하게 하려면 기술적으로 매우 복잡하지만 아이디어는 단순하다. 인공위성은 처음에 알고 있는 위치에서 시작해서, 자기의 운동을 추적한다. 이 두 정보를 합쳐서 자기가 어디에 있는지 계산한다.

더 자세히 알아보자. 인공위성은 내장된 자이로스코프와 가속도계를 이용해서 자기의 운동을 감시한다. 여기에 쓰이는 것과 비슷한 자이로스코프와 가속도계가 우리가 쓰는 스마트폰에도 들어 있다. 이 장치들의 반응을 관찰해서 인공위성에 들어 있는 컴퓨터가 가속도를 알아낸다. 이때 뉴턴 역학을 이용한다. 이 입력 정보로부터, 인공위성이 얼마나 움직였는지를 컴퓨터가 계산한다. 뉴턴은 정확히 이런 종류의 문제를 풀기 위해 미적분학을 발명했다.

이 모든 단계를 자세히 들여다보면, 범지구위치결정시스템을 설계한 엔지니어들은 여러 가지 미심쩍은 가정들을 받아들였다는 것을 알 수 있다. 이 시스템은 빛의 속력이 일정하다는 생각에 의존한다. 이 시스템은 또한 원자시계를 사용한다. 원자시계를 설계하고 사용하려면 양자론의 고급 원리를 따라야 한다. 이 시스템은 배치된 인공위성들의 위치를 계산하기 위해 고전역학의 도구들을 이용한다. 게다가 이 시스템은 일반상대성 이론이 예측하는 효과를 보정하는데, 이 이론에 따르면 시계의 빠르기가 지구에서의 고도에 따라 아주 조금 달라진다. 지구 표면에서는 중력이 강해서 시계가 조금 느리게 간다.

GPS는 유클리드 기하학의 타당성 외에도 여러 가지 가정에 의존하기 때문에, GPS가 기하학에 대해 깨끗하고 순수한 검증을 제공한다고는 말할 수 없다. 사실 GPS의 성공은 어떤 단일한 원리가 깨끗하고 순수하게 검증되었다는 뜻이 아니다. 이것은 복잡한 시스템이고, 그 설계는 서로 거미줄처럼 얽힌 수많은 가정들에 의존한다.

이 가정들 중 어떤 것이 틀렸을 수 있다. 또는 좀 더 외교적인 수사법을 동원하자면, 단지 근사적으로만 옳다고 할 수 있다. 엔지니어들이 가정한 '근사적으로 옳은' 것들 중에서 하나가 상당히 틀렸다면 GPS는 일관성 없는 결과를 내놓을 것이다. 예를 들어 위치를 알아내기 위해 삼각법에 사용하는 인공위성들을 달리 선택했을 때 계산된 위치가 달라질 수 있다. 여러 번 사용하면 숨겨진 약점이 드러날 수도 있다.

반대로 GPS가 잘 작동하는 한, 그 성공에 의해 그 밑에 깔려 있는 **모든** 가정들을 더 크게 신뢰할 수 있게 된다. 여기에는 유클리드 기하학이 큰 정확도로 지구 규모 공간의 기하학적 구조를 잘 기술한다는 가정도 포함된다. 지금까지는 GPS가 결점 없이 잘 작동하고 있다.

더 일반적으로, 과학이 성립한다. 최첨단의 가장 모험

적인 실험과 기술은 배후에 있는 이론들의 뒤얽힌 그물에 의존한다. 이 모험적인 응용이 성립하면 그 뒤를 떠받치는 이론의 그물에 대한 신뢰가 더 커진다. 근본적인 이해들이 뒤얽혀서 서로를 떠받치는 아이디어의 거미줄을 이룬다는 사실은 이 책에서 계속 되풀이해서 나올 것이다.

들어가는 글을 끝내기 전에 단서를 하나 달아야겠다. 유클리드 기하학이 실재와 같지 않을 때도 있다. 거대한 우주적 규모의 공간을 고려할 때, 또는 공간을 극도로 세밀하게 들여다볼 때, 또는 블랙홀 바로 옆에서, 유클리드 기하학은 실재에서 벗어나게 된다. 알베르트 아인슈타인은 특수상대성과 일반상대성 이론으로(각각 1905년과 1915년), 유클리드 기하학이 이런 상황에서 적합하지 않다는 것을 이론적으로 밝혔고, 이것을 넘어서는 방법을 제안했다. 그때 이후로 그의 이론적인 아이디어는 여러 가지 실험으로 확인되고 있다.

아인슈타인은 특수상대성 이론에서, 우리가 '거리'를 측정한다고 할 때 측정하는 것이 무엇인지, 어떤 방법으로 측정하는지 세심하게 고려해야 한다고 가르쳤다. 실제의 측정에는 시간이 걸리고, 측정되는 사물은 그 시간 동안에 움직일 수 있다. 우리가 실제로 측정할 수 있는 것은 **사건**들 사이의 간격이다. 사건은 시간과 공간 모두에 걸쳐 있다. 사건의 기하학은 더 큰 체계 위에 세워져야 한다. 그것은 시공간을 바탕으로 해야 하고, 공간만으로는 안 된다. 일반상대성에서 우리는 시공간의 기하학적 구조가 물질의 영향에 의해 휠 수 있다는 것을 배우게 된다. 달리 표현하면 시공간이, 이동하는 뒤틀림의 파동에 의해 휜다. (4장과 8장에서 더 알아볼 것이다.)

시공간과 일반상대성이라는 더 포괄적인 체계 안에서 유클리드 기하학은 더 정확한 이론에 대한 근사近似이다. 이것은 앞에서 살펴본 것과 같은 수많은 실제적 응용에 대해 충분히 정확하다. 측량사, 건축가, 우주 탐험의 설계자들이 모두 유클리드 기하학을 사용한다. 이것으로 충분하고, 이렇게 해야 일하기 쉽기 때문이다. 더 포괄적인 이론은 더 정밀하기는 하지만 사용하기가 더 까다롭다.

유클리드 기하학이 실재에 대한 완벽한 모형이 아니라고 해서 이 체계의 수학적 일관성이 없다거나 그동안 쌓인 수많은 성공이 쓸모없다는 뜻이 아니다. 그러나 이것은 가우스의 사실 검증과 같은 급진적 보수주의가 현명한 태도임을 잘 보여준다. 기하학과 실재의 관계는 자연 자체가 대답해야 할 문제이다.

우주의 측량

가까운 우주 공간을 측정한 뒤에 우리는 먼 우주를 측량할 수 있다. 이 일의 주요 도구는 여러 가지 망원경이다. 가시광선을 사용하는 낯익은 망원경 말고도, 천문학자들은 전자기 스펙트럼에서 여러 가지 '빛'을 모으는 망원경을 사용한다. 전자기파에는 전파, 마이크로파, 적외선, 자외선, 엑스선, 감마선이 포함된다. 전자기파가 아닌 다른 특이한 것으로 하늘을 보기도 하는데, 그중에 주목할 만한 것으로 아주 최근에야 추가된 중력파 탐지기가 있다. 여기에 대해서는 이 장의 뒤에서 좀 더 이야기하겠다.

이런 측량의 놀랍도록 단순한 결론을 이야기하면서 시작하자. 그런 다음에 천문학자들이 어떻게 거기에 도달했는지 알아보자. 이것은 더 복잡하지만, 다루는 규모에 비해 여전히 놀랍도록 단순하다.

가장 근본적인 결론은 우주의 모든 곳에서 똑같은 종류의 물질이 발견된다는 것이다. 게다가 우리는 모든 곳에서 똑같은 법칙이 적용되는 것을 관찰한다.

둘째, 우리는 물질이 구조의 위계질서를 갖추고 조직화되어 있음을 관찰한다. 우주의 어디를 보아도 별들이 있다. 별들은 무리 지어 모여 은하를 이루는 경향이 있고, 은하는 대략 몇백만에서 몇십억 개의 별들로 이루어진다.

우리의 별인 태양은 행성들과 위성들을 거느린다. (혜성, 소행성에 토성의 아름다운 '고리', 다른 부스러기들도 있다.) 가장 큰 행성인 목성은 태양 무게의 1천분의 1이고, 지구의 무게는 태양의 300만분의 1이다. 행성과 그 위성들의 무게는 보잘것없지만, 그것들이 우리 마음에 주는 감동은 특별하다. 우리는 물론 행성들 중 하나에서 살고 있고, 다른 행성(우리의 태양계는 아니어도 다른 어떤 곳)에는 새로운 형태의 생명이 살고 있을지도 모른다고 생각할 근거가 있다. 천문학자들은 오래전부터 다른 항성들도 행성을 가질 거라고 생각해왔고, 최근에 와서야 이 행성들을 탐지할 만한 강력한 기술을 갖추게 되었다. 지금은 태양계 밖에서 수백 개의 행성이 발견되었고, 새로운 발견이 홍수처럼 쏟아지고 있다.

셋째, 이 모든 것들이 우주 전체에 거의 균일하게 뿌려져 있다. 우리는 모든 방향에서, 모든 거리에서 은하들의 밀도가 대략 같다는 것을 발견했다.

나중에 이 세 가지 결론을 더 다듬고 보완할 것이며, 특히 빅뱅에 대해 설명할 때 '암흑물질'과 '암흑에너지'에 대해 설명할 것이다. 그러나 중심적인 메시지는 변하지 않는다. 같은 종류의 물질이 같은 방식으로 조직화되어서, 관측 가능한 우주 전체에 균일하게, 풍부하게 퍼져 있다.

이제 천문학자들이 어떻게 이 원대한 결론에 도달했는지 궁금할 것이다. 여기에 대해 자세히 살펴보면서 크기와 거리의 구체적인 값을 알아보자.

아주 멀리 있는 천체들의 거리를 어떻게 재는지 얼핏 보기에는 명확하지 않다. 하늘에다 줄자를 대고 잴 수도 없고, 시간 정보가 들어 있는 전파 신호를 받을 방법도 없다. 대신에 천문학자들은 가까운 것부터 시작해서 단계적으로 규모를 키우는 방법을 사용하며, 이것을 **우주적 거리의 사다리**the cosmic distance ladder라고 부른다. 이 사다리의 가로대를 하나 지날 때마다 더 큰 거리를 잴 수 있다. 가로대 하나를 이해하면 그다음 가로대를 이해할 준비가 된다.

먼저 지구 근처의 거리를 측정한다. 이때 GPS와 비슷한 기술을 이용한다. 빛(또는 전파 신호)을 쏘아서 되돌아오는 시간을 재면 지구상의 물체들의 거리를 잴 수 있고, 태양계 안 다른 천체들과 지구 사이의 거리를 잴 수 있다. 이런 정도의 거리를 재는 방법에는 여러 가지가 있으며, 그중에는 고대 그리스인들이 발명한, 정확성은 떨어지지만 매우 독창적인 방법도 있다. 현재로서는 이 모든 방법들이 모두 정합적인 결과를 낸다는 것만 알면 충분하다.

지구 자체는 거의 완벽한 공 모양이고, 반지름은 대략

6,400킬로미터 또는 4,000마일이다. 비행기 여행이 일반화된 오늘날에 이 정도는 우리의 일상적인 이해 범위 안에 있다. 뉴욕에서 스톡홀름까지의 거리가 이 정도이고, 뉴욕에서 상하이까지는 이 거리의 두 배이다.

거리에 대해서 말하는 다른 방법이 있는데, 이 방법은 주로 천문학과 우주론에서 널리 사용된다. 빛이 도달하는 데 걸리는 시간으로 거리를 말하는 것이다. 지구 반지름의 경우에 빛이 지나가는 데 50분의 1초가 걸린다. 그러므로 우리는 지구 반지름이 50분의 1(좀 더 정확히는 47분의 1─옮긴이)광초라고 말한다.

우주적 거리의 사다리를 조금 더 올라가면, 거리를 잴 때 광초보다는 광년을 쓰는 것이 더 편리하다. 광년의 규모를 알아보기 위해서 구체적인 예를 보면, 지구의 반지름은 대략 10억분의 1(좀 더 정확히는 15억분의 1─옮긴이)광년이다. 이 작은 값을 염두에 두면서 우주의 규모를 더 알아보자. 우리가 알아보는 거리는 금방 1광년을 넘어서 100광년, 100만 광년을 지나서 마침내 10억 광년 단위에까지 이를 것이다.

다음으로 이정표가 되는 길이는 지구에서 태양까지의 거리이다. 이 거리는 대략 1억 5천만 킬로미터이다. 이 거리는 8광분이며, 66,000분의 1광년이다.

지구에서 태양까지의 거리는 대략 지구 반지름의 24,000배이다. 태양계만으로도 이만큼 크다는 점을 감안하면, 우주는 한 사람 정도가 아니라 지구 전체를 "한 점의 먼지인 양 삼켜버린다"고 할 수 있다.

이 정도로 정신이 혼란스럽다면 훨씬 더 심한 것을 각오해야 한다. 우리는 우주적 거리의 사다리를 이제 막 오르기 시작했을 뿐이다.

태양 주위를 도는 지구 궤도의 크기를 알았으니 이것을 바탕으로 우리에게 비교적 가까이 있는 항성의 거리를 직접 측정할 수 있다. 이때도 유클리드 기하학이 사용된다. 지구가 태양 주위를 도는 운동 때문에, 가까이 있는 항성들을 1년 내내 관찰하면 위치가 아주 조금 변하는 것을 알아볼 수 있다. 이런 효과를 시차視差라고 한다. 사람은 두 눈을 갖고 있어서 가까이 있는 물체를 보면 왼쪽 눈으로 볼 때와 오른쪽 눈으로 볼 때의 각도가 달라지며, 이 각도를 이용하여 물체의 거리를 알 수 있다. 1989년에서 1993년까지 운영되었던 히파르코스 우주 계획The Hipparcos space mission은 시차를 이용해서 (비교적) 가까운 항성 10만 개의 거리를 조사했다.

가장 가까운 항성인 프록시마 센타우리Proxima Centauri까지의 거리는 4광년이 조금 넘는다. 이 별 근처에는 두 개의 동반성이 있다. 이 별들을 제외하면 그다음으로 가까운 별인 바너드 별Barnard's Star은 6광년쯤 떨어져 있다. 이런 별에 있는 (가상의) 외계인 또는 미래의 사이보그 거주자와 교신하려면 상당한 인내가 필요할 것이다.

성간 공간에 비하면 우리의 태양계는 작고 아늑한 둥지이다. 프록시마 센타우리까지의 거리는 지구에서 태양까지 거리의 50만 배이다.

우주적 거리의 사다리를 더 높이 올라가는 핵심적인 기술은 앞에서 말한 사실을 이용한다. 바로 우주의 모든 곳이 같은 종류의 물질들로 채워져 있다는 것이다. 어떤 종류의 물체가 모두 동일한 고유 밝기를 가진다는 것을 확인할 수 있으면, 그것을 '표준 촛불'이라고 부른다. 표준 촛불 하나의 거리를 알면 다른 곳에 있는 표준 촛불의 거리를 알아낼 수 있다. 단지 밝기를 비교하기만 하면 된다. 예를 들어 어떤 표준 촛불이 다른 것보다 두 배 멀리 있으면, 우리에게는 4분의 1배 밝기로 **보일** 것이다.

이제 우주에서 각각 다른 거리에 있는 같은 종류의 천체들을 같은 거리에서 보면 밝기가 같다는 것을 우리가 스스로 납득할 수 있도록 설명해야 한다. 기본적인 아이디어는 많은 성질들이 공통적인 천체들을 선택한 다음에, 좋은 결과를 기대하며 일관성을 점검하는 것이다. 간단한 예를 들어 기본 아이디어와 거기에 따르는 위험성을 살펴보자.

일반적인 별들은 너무 다양해서 표준 촛불 역할을 할 수 없다. 하얗게 빛나는 시리우스 A는 우리의 태양보다 대략 25배 밝다. 가까이 있는 동반성인 시리우스 B는 왜성이며, 밝기가 태양의 40분의 1이다. 이렇게 밝기가 다르지만 이 두 별은 (천문학적인 규모로 따지면) 지구에서 거의 같은 거리에 있다. 비교 대상을 같은 색깔의 별들로 제한하면 훨씬 더 좋아진다. 더 정확하게 말하면 전자기 스펙트럼이 같은 별들을 비교하는 것이다.* 밝기만 다르고 다른 특징들이 똑같은 별들을 비교한다면, 밝기 차이가 거리 때문이라고 생각하는 것이 합리적이다. 별 관측에서 얻는 여러 가지 자료를 설명하는 별의 물리 이론이 이 예측을 지지한다. 그러나 이것을 어떻게 확인할 수 있을까? 한 가지 방법은 많은 별들이 가깝게 모여 있는 무리를 찾는 것이다. 히아데스 성단은 수백 개의 별이 모여 있어서 좋은 예가 된다. 아주 비슷한 스펙트럼을 가진 별들의 고유 밝기가 비슷하다면, 그러한 별 두 개가 같은 성단에 있을 때 밝기가 같아 보일 것이다. 관측을 통해서 이것이 옳

---

* 좀 더 시적으로 표현하면, 내뿜는 무지개색이 같은 별들끼리 비교하는 것이다.

다는 것이 확인되었다.

전문적인 천문학자들은 여러 가지 더 복잡한 것, 예를 들어 성간 먼지 같은 것을 고려해야 한다. 먼지는 빛을 흡수하므로, 중간에 먼지가 있다면 천체가 실제보다 더 멀리 있는 것처럼 보일 것이다. 전문가 동료들은 내가 이런 것들과 함께 여러 가지 기술적인 면을 생략해도 용서해주기 바란다. 어쨌든 이런 것들 때문에 핵심 아이디어가 바뀌지는 않는다.

우리는 우주적 거리의 사다리를 확장할 수 있고, 가까운 천체로부터 관측 가능한 우주까지 여러 가지 표준 촛불을 이용해서 이 사다리를 '올라갈' 수 있다. 어떤 것들은 비교적 가까운 천체에 적용하기에 좋고, 어떤 것들은 아주 먼 천체들에 잘 적용된다. 우리는 또한 이것들이 서로 일관된 결과를 내는지 확인해야 한다.

앞에서 말한 히파르코스 목록은 우주적 거리의 사다리에서 탄탄한 토대를 제공한다. 비슷한 별들의 고유 밝기가 같다는 것을 배웠고, 우리는 이것을 사용해서 너무 멀어서 시차가 관측되지 않는 성단들의 거리를 알아볼 수 있다.

이런 방식으로, 우리가 소속된 은하수에 대해 알아낼 수 있다. 은하수는 대략 납작한 원반에 가운데가 솟아올라 있는 형태로 별들이 모여 있다. 은하수의 지름이 약 10만 광년이라는 것도 알려졌다.

세페이드 변광성은 밝기가 맥박처럼 변하는 밝은 별이다. 헨리에타 리비트(1868 ‒ 1921)는 마젤란 성운*에 있는 세페이드 변광성을 자세히 연구해서, 세페이드 변광성의 변광 주기가 같으면 밝기도 같다는 것을 알아냈다. 이것도 표준 촛불이 되었다. 세페이드 변광성은 비교적 찾기가 쉽다. 이 별들은 밝을 뿐만 아니라 밝기가 독특하게 변하기 때문이다. 천문학자들은 세페이드 변광성을 표준 촛불로 사용해서 많은 은하들의 거리를 측정했다.

은하들은 불규칙하게 분포하므로 은하들 사이의 평균 거리는 특별한 의미가 없다. 그렇지만 큰 은하들 사이의 전형적인 거리라고 할 만한 값을 확인할 수 있다. 이 값은 몇십만 광년쯤으로 밝혀졌다. 항성이나 행성과 그 이웃들 사이의 거리는 자기 크기에 비해 엄청나게 클 수밖에 없지만, 은하들 사이의 전형적인 거리는 은하 자신의 크기에 비해 엄청나게 크지는 않다.

---

* 두 개의 마젤란 성운은 우리 은하(은하수)의 이웃에 있는 왜소 은하이다. 남반구의 하늘에서 잘 보이기 때문에 마젤란 이전에 폴리네시아 뱃사람들도 항해에 이용했다.

은하의 영역 안에는 다른 여러 가지 유용한 표준 촛불들이 있으며, 내부 구조가 매우 흥미롭다. 천문학의 이러한 풍부한 내용들은 내가 그리는 대략의 그림에 깊이를 더해주고 기본적인 메시지를 보강해준다. 그러나 내 목표는 근본을 전달하는 것이지 백과사전과 같은 지식을 나열하는 것이 아니므로, 상세한 것들은 남겨두고 가장 먼 경계에 대해 알아보자.

우주의 지평선

에드윈 허블(1889–1953)은 주로 세페이드 변광성으로 멀리 있는 은하들을 최초로 연구했고, 여기에서 근본적으로 새롭고 풍부한 함의를 가진 사실을 발견했다. 그는 멀리 있는 은하가 방출하는 별빛의 패턴(스펙트럼)이 가까운 은하에 비해 긴 파장 쪽으로 치우쳐 있는 것을 관찰했다. 이것을 적색편이라고 부른다. 이런 이름을 쓰는 이유는 빛의 파장이 늘어나면 무지개를 이루는 빛의 띠가 빨간색 쪽으로 이동하기 때문이다(예를 들어 주황색 빛의 파장이 늘어나면 빨간색이 되고, 노란색 빛의 파장이 늘어나면 주황색이 되는 식이다—옮긴이). 이 효과는 사람이 볼 수 있는 범위를 넘어서도 계속된다. 전에는 자외선이었던 것이 파란색 띠가 되어 사람의 눈으로 볼 수 있는 범위로 들어오고, 빨간색 띠는 적외선이 되어서 보이지 않게 된다.

허블의 적색편이는 대단히 흥미로운 해석을 불러왔고, 이것은 우리가 생각하는 우주의 모습에 혁명을 일으켰다. 이 해석은 단순하지만 놀라운 효과에 의존한다. 1842년에 크리스티안 도플러가 발견한 이 효과를 도플러 효과라고 부른다. 도플러는 파동의 원천이 우리로부터 멀어지고 있으면 파동의 마루들이 점점 더 먼 곳에서 나오고, 따라서 파동이 늘어져서 도착한다고 지적했다. 다시 말해서, 관찰된 파동은 그 원천이 정지해 있을 때보다 파장이 더 길어진다. 따라서 허블이 **멀리 있는 은하들에서 적색편이를 관측했다는 것은, 그 은하들이 우리로부터 멀어져가고 있다**는 뜻이다.

허블은 관찰된 적색편이에서 놀라울 만큼 단순한 패턴을 발견했다. 은하가 멀리 있으면 멀리 있을수록 적색편이가 더 컸다. 더 정확하게 말하면, 그는 적색편이의 크기가 거리에 비례한다는 것을 발견했다. 이것이 뜻하는 바는, 멀리 있는 은하는 거리에 비례하는 속력으로 우리에게서 멀어지고 있다는 것이다.

이 은하들의 운동을 역전시켜서 과거를 재구성한다고 생각해보면, 이 비례는 극적인 새로운 의미를 가진다. 이것의 의미는 운동을 역전시켰을 때, 더 멀리 있는 은하들이 더 빨리 우리에게 접근하면서 거리가 상쇄되어 **모든 것들이 동시에 한데 모인다**는 것이다. 따라서 과거에는 우주의 모든 물질이 현재보다 훨씬 더 빽빽하게 모여 있었을 것이라고 생각하게 되었다. 이것을 다시 원래의 시간 순서로 바꾸면 우주적 폭발이 일어나는 것처럼 보일 것이다.

우주는 폭발로 시작되었을까? 예수회 신부 조르주 르메트르가 처음으로 허블의 관측에 대한 해석을 제안했다. 그의 '빅뱅'은 대담하고 아름다운 아이디어였지만 증거가 부족했고, 물리학적인 근거도 약해 보였다.* (르메트르는 처음에 이것을 '원시 원자' 또는 '우주 알'이라고 불렀다. 시적 감수성이 부족한 '빅뱅'은 나중에 나왔다.) 그러나 후속 연구를 통해 이러한 극단적인 상황에서의 물질을 훨씬 더 잘 이해할 수 있게 되었다. 오늘날 빅뱅 개념의 증거는 엄청나게 많다. 우리는 6장에서 우주의 역사에 대해 훨씬 더 깊이 살펴보고 빅뱅의 증거들을 검토할 것이다.

여기에서는 우주의 측량을 마무리하기 위해서, 빅뱅 우주론을 사용해서 관측 가능한 우주의 범위와 한계를 설명하겠다. 우주의 역사라는 영화를 우리의 마음속에서 거

---

* 르메트르의 연구가 허블의 관측보다 먼저 나왔다.

꾸로 돌려서, 우리는 모든 은하들이 어떤 일정한 시간에 하나로 모인다는 것을 알았다. 이 일은 언제 일어났을까? 얼마나 오래 전인지 계산하기 위해, 단순히 거리를 은하가 지금 이동하는 속력으로 나눴다. (은하들의 속력은 거리에 비례하므로, 어떤 은하로 계산해도 같은 결과를 얻는다.) 이렇게 해서 은하들이 대략 200억 년 전에 모두 한 덩어리였다는 추정을 얻었다. 중력에 따른 속력 변화를 고려해서 더 정확하게 계산하면 조금 더 작은 값이 나온다. 오늘날의 가장 좋은 추정치는, 빅뱅이 일어난 지 138억 년이 지났다는 것이다.

우리가 먼 우주에 있는 천체를 볼 때 우리는 과거를 보고 있는 것이다. 빛은 유한한 속력으로 여행하기 때문에, 멀리 있는 천체에서 출발해서 방금 도착한 빛은 오래전에 방출된 것이다. 우리가 138억 년쯤 전 빅뱅이 일어난 시점까지 되돌아보면, 시각의 한계에 도달한다. 그 이상은 '빛에 의해 가려져서' 보이지 않는다. 최초의 우주적 폭발은 너무 밝아서 그 너머를 볼 수 없다. (아무도 그 너머를 어떻게 보는지 모른다.)

그리고 우리는 특정한 시간 너머를 볼 수 없으므로, 마찬가지로 어떤 거리 너머로는 볼 수 없다. 말하자면 어떤 시간 안에 빛이 도달할 수 있는 거리까지만 볼 수 있다.

우주의 '실제' 크기가 얼마이건, 현재 **관측 가능한 우주**는 유한하다.

관측 가능한 우주는 얼마나 큰가? 광년으로 거리를 잰다는 아이디어가 여기에서 진정으로 빛난다. 한계 시간이 138억 년이므로, 한계 거리는… 138억 광년이다! 지구의 반지름이 10억분의 1광년임을 상기하면 이 거리가 얼마나 큰지 짐작할 수 있을 것이다.

대략 거친 비교로 우주의 크기에 대한 측량이 끝났다. 세계는 크다. 우주에는 인간이 번창하며 살아갈 공간이 풍부하고, 또한 멀리에서 경탄할 공간이 많이 남아 있다.

내부의 풍부함:
우리가 아는 것과 그것을 알게 된 방법

이제 내부를 들여다보자. 거기에서도 우리는 풍부함을 보게 될 것이다. 안쪽에서도 다시 한번 우리가 사용할 수 있는 넉넉한 공간과 경이로운 것들을 많이 보게 될 것이다.

여러 종류의 현미경으로 작은 물체들의 풍요로움을 들여다볼 수 있다. 현미경학은 쓸모 있고 기발한 아이디어들로 가득한 방대한 분야다. 여기에서는 네 가지 기본적인 기술만 대략 살펴보겠다. 이 기술들은 각각 다른 수준에서 물질의 심오한 구조를 드러내 보여준다.

단순하고 우리에게 가장 낯익은 광학현미경은 유리를 비롯한 몇 가지 투명한 물질들이 빛을 굴절시키는 능력을 이용한다. 잘 다듬은 유리 렌즈들을 전략적으로 배치해서, 입사하는 빛이 관찰자의 망막이나 카메라 필름에 도달할 때 넓게 퍼지게 할 수 있다. 이렇게 하면 입사하는 상이 크게 보인다. 이러한 요령은 100만분의 1미터 또는 그 이하 규모의 세계를 탐구하는 놀랍도록 강력하고 유연한 도구가 된다. 이것을 이용해서 박테리아 군집을 볼 수 있는데, 이것은 박테리아에게 이로울 수도 있고 해로울 수도 있다.

빛을 휘는 기술을 이용해 더 작은 물체를 구별해서 보려고 하면 근본적인 난관을 만난다. 이 기술은 빛살의 경로를 조작하는 방법을 이용한다. 그러나 빛이 빛살로 되어 있다는 아이디어는 근사적으로만 옳고, 빛은 파동으로 이동한다. 파동을 이용해서 파동의 크기보다 더 작은 물체를 자세히 보려고 하는 것은 권투 장갑을 끼고 구슬을 잡으려는 것과 비슷하다. 가시광선의 파장은 대략 200만분의 1미터이고, 따라서 가시광선을 사용해서 상을 얻는 현미경은 그 거리 이하에서는 흐릿하게 번져 보인다.

엑스선은 가시광선보다 파장이 100배에서 1,000배 짧아서, 원리적으로 훨씬 더 짧은 거리를 볼 수 있다. 가시광선은 유리를 통과하면서 굴절되어 방향이 바뀌지만, 엑스선에는 이런 역할을 할 수 있는 물질이 없다. 가시광선과 달리 엑스선을 휘는 렌즈를 만들 수 없으므로, 상을 확대하는 고전적인 방식은 불가능하다.

다행히도 완전히 다른 접근 방식이 있다. 엑스선 회절X-ray diffraction이라고 부르는 이 방식에서는 렌즈가 필요하지 않다. 보려고 하는 물체에 엑스선 빔을 쬐고, 물체를 지나가면서 휘거나 산란된 다음의 빔을 기록한다. (혼란을 피하기 위해, 이것은 의사들이 사용하는 단순한 엑스선 영상과 다르다는 것을 지적해둔다. 병원에서 흔히 사용하는 엑스선 영상은 단순한 투영이며, 기본적으로 엑스선의 그림자이다. 엑스선 회절은 훨씬 더 세심하게 제어되는 빔과 더 작은 시료를 사용한다.) 엑스선 회절 카메라가 찍은 '사진'은 물체와 전혀 비슷하지 않지만, 시료의 형태에 대한 아주 많은 정보가 암호와 같은 형태로 들어 있다.

'아주 많다'고 한 것에는 길고 매혹적인 서사가 있고, 이 과정에서 노벨상도 많이 나왔다. 불행하게도 엑스선 회절 패턴에는 순전히 수학 계산만으로 물체를 재구성할 수 있을 만큼 충분한 정보는 들어 있지 않다. 그것들은 깨진 디지털 영상 파일과 비슷하다.

이 문제를 해결하기 위해 여러 세대의 과학자들이 **해석의 사다리**를 구축했다. 이것을 이용해서 단순한 물체에서 복잡한 물체로 올라갈 수 있다. 엑스선 회절로 해독한 최초의 물체는 소금과 같은 단순한 결정이었다. 화학을 바탕으로 이 예에서 답을 추측하는 좋은 아이디어를 얻었다. 나트륨과 염소라는 두 종류의 원자들이 규칙적으로 배열되어 있을 때 나올 수 있는 정보의 형태를 추론하는 것이다. 또한 눈에 보일 정도로 큰 소금 결정을 관찰해서, 정육면체 형태의 구조일 것이라는 실마리를 얻었다. 그러나 원자들 사이의 거리는 알 수 없었다. 다행히도 모든 가능한 거리 값에 대해서 엑스선 회절 패턴이 어떻게 나올지 계산할 수 있다. 이것을 관찰된 패턴과 비교해서 결정의 모양과 원자들 사이의 거리를 모두 알아낼 수 있다.

과학자들은 점점 더 복잡한 물질들을 연구하면서 일종의 구두끈 매기와 같은 방법을 사용했다. 각각의 단계에서 이제까지 힘들게 알아낸 모형들을 바탕으로, 점점 더 복잡한 구조를 해독하기 위한 정교한 모형의 후보들을 축적했다. 그런 다음에는 이 후보들을 사용해서 계산해낸 엑스선 회절 패턴과 관찰된 패턴을 비교한다. 영감에 넘친 추측과 영웅적인 노력에서 가끔 성공이 찾아온다. 성공할 때마다 새로운 구조가 추가되고, 이것은 다시 다음 세대의 모형 생성에 기여한다.

이 힘든 연구의 역사에서 빛났던 사건에는 비범한 과학자 도로시 크로푸트 호지킨의 콜레스테롤(1937), 페니실린(1946), 비타민 B_{12}(1956), 인슐린(1962) 입체 구조 규명이 있고, 프랜시스 크릭과 제임스 왓슨의 DNA(1953) 입체 구조 규명도 있다. DNA 이중나선 구조는 모리스 윌킨스와 로절린드 프랭클린이 얻은 엑스선 회절 사진을 크릭과 왓슨이 해독한 결과 알게 되었다.

오늘날에는 훨씬 더 성능이 뛰어난 컴퓨터로 과거의 성공적인 연구들을 모두 반영한 프로그램을 사용해서, 화학자들과 생물학자들이 복잡한 엑스선 회절 패턴을 일상적으로 해독할 수 있다. 이런 방식으로 그들은 수십만 가지 단백질과 중요한 생체 분자들의 구조를 알아냈다. 과학적 정보를 시각적으로 표현하는 기법은 생물학과 의학에서 계속 발전하고 있는 중요한 분야이다.

내가 보기에 해석의 사다리는 더 정교한 세계 모형을 구성하는 방법의 아름다운 예이기도 하고 좋은 은유이기도 하다. 사람의 시각은 망막에 맺힌 2차원 정보를 공간 속의 3차원 물체의 세계로 만들어내야 한다. 형식적으로 이것은 불가능한 문제이다. 정보가 충분하지 않기 때문이다. 이것을 보완하기 위해 우리는 세계가 어떻게 작동하는지에 대한 가정을 덧붙인다. 우리는 색깔, 그림자, 운동의 패턴이 갑자기 변하는 것을 이용해서 물체를 구별하고, 물체의 성질, 운동, 거리를 알아낸다.

아기들이나 갑자기 시각을 얻은 시각 장애인들은 보는 방법을 익혀야 한다. 그들은 그들이 얻은 것을 사용하는 법을 경험으로 배우고, 단순한 사례들을 모아서 세계가 의미 있도록 구성한다. 엑스선 회절 패턴을 '보는' 방법을 배우는 것은 이것과 아주 비슷한 일을 집단적으로 수행하는 것이다. 그것은 세계를 이해하는 묘수들을 찾아내는 것이다.

우리의 세 번째 기술은 주사현미경scanning microscopy으로, 이 방법은 매우 참신하고 직접적인 방식을 이용한다. 작은 돌출부가 있는 바늘을 사용해서, 돌출부를 표면에 가까이 대고 표면에 평행하게 스치듯이 긁으면서 지나간다. 이렇게 하면서 전기장을 걸면 표면에서 바늘로 전류가 흐른다. 돌출부가 표면에 가까우면 가까울수록 전류가 커진다. 이런 방식으로 표면의 지형topography을 아원자의 분해능으로 읽어낼 수 있다. 이렇게 얻은 영상에서 개별 원자들이 평평한 풍경 위에 우뚝우뚝 솟아 있는 것을 볼 수 있다.

마지막으로, 과학자들이 가장 짧은 거리를 어떻게 탐색하는지 살펴보자. 원자 속을 들여다본 최초의 실험은 1913년에 어니스트 러더퍼드의 지도로 한스 가이거와 어니스트 마스든에 의해 수행되었다. 가이거와 마스든은 알파 입자(방사성 물질이 붕괴할 때 나오는 헬륨 원자핵—옮긴이) 빔을 금박에 쏘는 실험을 했다. 알파 입자의 일부가 금박에 맞고 굴절되었다. 가이거와 마스든은 검출기의 각도를 바꿔가면서 굴절된 입자가 얼마나 되는지 세었다. 이 실험을 하기 전에 그들은 큰 각도로 굴절되는 입자는 없거나, 있어도 아주 적을 것으로 생각했다. 알파 입자는 상당히 무겁고, 따라서 아주 무거운 물체와 가깝게 만났을 때만 경로를 크게 바꿀 것이다. 금박의 질량이 고르게 퍼져 있다면, 큰 굴절은 일어나지 않을 것이다.

그들이 관찰한 것은 예상과 상당히 달랐다. 사실은 큰 각도로 굴절된 입자가 꽤 많았다. 때때로 알파 입자는 방향이 역전되어 출발했던 곳으로 되돌아오기도 했다. 러더퍼드는 나중에 이 소식을 들었을 때의 일을 다음과 같이 회상했다.

그것은 내 인생에서 일어난 모든 사건들 중에서 가장 믿기 힘든 일이었다. 지름이 거의 40센티미터나 되는 포탄을 화장지에 대고 쏘았는데 포탄이 되돌아와서 쏜 사람을 때린 것만큼이나 믿기 어려웠다. 곰곰이 생각해보고 나서 나는 되돌아오는 산란은 단일한 충돌의 결과여야 함을 깨달았고, 계산을 해보니 원자 질량의 아주 큰 부분이 작은 핵 속에 집중되어 있다고 생각하지 않고는 그런 자릿수의 값을 얻을 수 없다는 것을 알았다. 그래서 나는 원자에 작고 무거운 중심이 있고, 여기에 전하가 모여 있다는 아이디어를 얻었다.

가이거-마스든 관찰에 대한 러더퍼드의 자세한 분석은 현대적인 원자의 상을 탄생시켰다. 그는 데이터를 설명하기 위해서는 원자 속에 있는 질량의 대부분과 모든 양전하가 작은 핵 속에 집중되어 있다고 가정해야 한다는 것을 보였고, 더 나아가 이 결론을 정량화했다. 원자핵은 원자 질량의 99퍼센트 이상을 가진다. 그러면서도 핵의 크기는 원자 반지름의 10만분의 1보다 작고, (거의 구형이므로) 원자 부피의 1,000조분의 1보다 작다. 이것은 말 그대로 천문학적 숫자이다. 핵이 원자에 비해 얼마나 작은지는 태양이 주위의 성간 공간에 비해 얼마나 작은지에 비교된다.

가이거-마스든 실험은 원자 이하의 세계를 탐구하는

패러다임을 확립했고, 그때 이후로 모든 근본적인 상호작용에 대한 실험적 연구를 이 패러다임이 주도하고 있다. 표적을 때리는 입자의 에너지를 점점 더 크게 하면서 입자들이 굴절되는 패턴을 연구해서, 우리는 표적의 내부가 어떻게 되어 있는지 알아낸다. 여기에서도 우리는 해석적 사다리를 구축하며, 각 단계에서 밝혀진 것들을 이해해서 다음 단계의 실험을 설계하고 해석하면서 점점 더 깊이 탐구해 들어간다.

우주의 미래

지평선을 넘어서

우리는 빅뱅 이후에 빛이 여행한 거리 이상을 볼 수 없다. 이것이 우주의 지평선을 이룬다. 그러나 하루가 지날 때마다 빅뱅은 점점 더 과거로 물러선다. 어제는 지평선 밖에 있던 것이 오늘은 지평선 안으로 들어와서, 우리가 볼 수 있게 된다.

물론 하루, 심지어 수천 년을 보탠다고 해도 우주의 나이가 늘어나는 비율은 아주 미미하고, 관측 가능한 우주에서 늘어나는 공간은 인간의 시간 척도로는 거의 알아볼 수조차 없다. 그러나 우리의 먼 후손이 보는 우주는 어떤 것일지 생각해보는 것은 흥미로운 일이며, 지평선 밖에서 어떤 일이 일어날지 생각해보는 것은 정신의 훈련이 된다. 앨프리드 테니슨은 〈율리시즈〉에서 이렇게 썼다.

… 모든 경험은 통과하는 관문,
가보지 못한 세계의 끝자락이 흐릿하게 보이고,
다가가도 언제나 그대로, 영원하다.
중단하고, 그만둔다면 얼마나 따분한가…

우주의 지평선이 확장된다는 것은 여러 가지 문제를 상정한다. 예를 들어, 지평선이 확장되면서 우주 전체가 지평선 안으로 들어오는가? 우주가 유한하다면 결국은 이렇게 될 것이다. 유한한 공간이라고 해도 경계가 있어야 하는 것은 아니다. 구면, 즉 공의 표면은 유한하지만 경계가 없는 공간의 한 예이다. 보통의 공 표면은 2차원이다. 시각화하기는 좀 어렵지만, 3차원이면서 마치 보통의 구면처럼 유한하지만 경계가 없는 공간을 정의하는 것은 수학자들에게는 아이들 장난처럼 쉽다. 그러한 공간은 유한한 우주가 취할 수 있는 형태이다.

관측 가능한 우주는 놀랍도록 균일하다. 우주는 동일한

법칙을 따르는 동일한 종류의 물질들이 동일한 방식으로 조직화되어 균일하게 분포되어 있다. 우주의 지평선이 확장되기 때문에 나오는 질문은, 이러한 '우주적인universal' 패턴이 우리가 아직 보지 못한 부분에도 그대로 적용되는가 하는 것이다.

아니면 진정으로 우주가 '다중우주(멀티버스)'여서 여러 가지 다른 패턴 또는 법칙들을 모두 가질까? 이 질문에 대한 가장 간명한 대답은 아주 멀리에서 일어나는 이상한 일들을 관찰해서 얻을 수 있다. 그런 일이 일어난다면 우리는 다중우주를 실험적으로 확립할 수 있을 것이다. 근본적인 법칙들과 우주론에 관한 여러 가지 사실들에 따르면 우리가 실제로 다중우주에 살고 있지만 아주 먼 미래에나 우리와 '다른' 영역이 지평선 안으로 들어올 수도 있다. 이것은 완벽하게 논리적인 가능성이지만, 실제로 그렇다면 참 슬픈 일이다. 올바른 아이디어를 적용해서 우리가 경험할 수 있는 세계에 대해 흥미로운 것들을 알아낸다고 해도, 지금 당장 검증할 방법이 없기 때문이다. 어쨌든 검증은 정직성을 유지해준다.

공간 입자?

유클리드는 거리의 규모를 점점 더 미세하게 줄이더라도 동일한 개념적 도구를 사용해서 계속해서 아무 제한 없이 거리를 측정할 수 있다고 가정했다. 그는 원자, 기본 입자, 양자역학을 몰랐다. 지금 우리가 더 잘 안다. 물질을 아주 작게 쪼개면 사물들이 크게 바뀐다! 평범한 물방울은 연속적이고 멈춰 있는 듯 보이지만, 원자와 그보다 더 기본적인 단위들로 쪼개져 있다. 이것들은 양자역학의 장단에 맞춰 흔들리고 춤춘다.

원자 단위보다 작은 거리를 잴 때 우리는 유클리드가 생각했던 단단한 자 같은 측정 도구를 사용할 수 없다. 이런 정도에서 자의 규모를 단순히 축소한 듯한 장치는 없다. 그러나 유클리드의 기하학은 우리의 기본 방정식에 그대로 살아남아서 승리를 외친다. 이 방정식들 안에서 기본 입자들(그리고 그 뒤를 떠받치는 장場들)은 이음매 없는 연속체를 차지하고, 공간의 모든 부분들이 동등하며, 길이와 각도로 측정되고, 피타고라스의 정리를 만족하는 등, 유클리드가 가정했던 모든 것들이 그대로 적용된다. 자연이 이렇게 작은 규모에서도 유클리드 기하학이 적용되도록 허용한다는 것은 놀라운 일이다. 지금까지는 그랬다…

그러나 영원히 *그렇지*는 않을 것이다. 아인슈타인의 일반상대성 이론에 따르면 공간은 일종의 물질이다. 공간은 동적인 존재이며, 휘기도 하고 움직이기도 한다. 나중에 살펴보겠지만 공간을 물질로 보아야 할 여러 가지 이유가 있다. 양자역학의 원리에 따르면 움직일 수 있는 것은 무엇이나 움직이며, 저절로 움직인다. 그 결과로 두 점 사이의 거리가 요동친다. 일반상대성과 양자역학을 모두 고려한 계산에 따르면 공간은 끊임없이 요동치는 젤리 같은 것이다.

두 점 사이의 거리가 그리 짧지 않을 때, 이러한 거리에서의 양자요동은 거리 자체에 비해서 무시해도 좋은 정도일 것으로 예측된다. 그러면 우리는 실용적으로 이것을 무시할 수 있으며, 편안하게 유클리드 기하학을 쓰면 된다. 그러나 10^{-33}센티미터, 즉 플랑크 길이라고 불리는 작은 거리를 볼 때는, 두 점 사이 거리의 전형적인 요동이 거리만큼 크거나 더 커질 수 있다. 윌리엄 버틀러 예이츠의 묵시록적 전망이 들어 있는 시 두 줄이 떠오른다.

… 중심은 유지될 수 없다
순전한 무정부 상태가 세계에 퍼져 나간다…

자가 뒤틀리고 컴퍼스가 춤추기 때문에, 기하학에 대한 유클리드적 접근, 궁극적으로 아인슈타인의 접근의 토대가 무너진다. GPS의 아이디어는 규모를 축소할 수 없다. 위성의 궤도를 플랑크 길이만큼 세밀하게 들여다보면 노이즈가 심하고 예측할 수 없기 때문이다. 그럼 대신에 어떤 것을 사용할 수 있을까? 아무도 확실히 알지 못한다. 실험에서 지침이 나올 전망은 거의 없다. 플랑크 길이는 우리가 분해할 수 있는 길이보다 몇천조 배나 짧기 때문이다. 그러나 나의 견해로는, 시공간이 물질과 본질적으로 다르지 않다는 아이디어에 저항하기 어렵다. 시공간에 비해, 물질에 대해서는 우리가 훨씬 잘 이해하고 있다. 만일 그렇다면 공간은 엄청난 수의 동일한 단위인 '공간 입자'로 이루어지고, 각각의 공간 입자는 여러 이웃들과 접촉하며, 메시지를 교환하고, 합쳐지거나 쪼개지고, 탄생하고 사라질 것이다.

2

시간이 풍부하다

들어가며: 크기와 의미

프랭크 램지(1903-1930)의 삶은 짧았지만 밝게 빛났다. 간 이상으로 26세의 나이로 죽기 전까지 램지는 수학, 경제학, 철학에 중대한 업적을 남겼다. 어린 나이에도 불구하고 그는 1920년대 케임브리지 대학교 지식인 사회의 중심 인물이었다. 그는 존 메이너드 케인스, 루트비히 비트겐슈타인과 공동 연구를 했다. 이 두 사람은 각각 20세기의 가장 위대한 경제학자와 가장 위대한 철학자로 널리 인정받는다. '램지 이론'은 그의 연구에서 자라나서 번창하고 있는 흥미로운 수학 분야이다.

(다음과 같은 고전적인 작은 예로 램지 이론의 맛을 볼 수 있다. 각각의 쌍이 서로 적이거나 친구인 여섯 사람이 있으면, 그중

에는 모두 서로 친구인 세 사람이 있거나, 모두 서로 적인 세 사람이 있다.)

프랭크 램지는 무시할 수 없는 사상가이다. 그는 우주가 인간에 비해 어마어마하게 크지만, 그렇다고 우주가 그 비율만큼 중요하지는 않다고 생각했다.

내가 보는 우주의 모습은 원근법으로 그려지며, 척도대로 만든 모형과 같지 않다. 전면은 사람들이 차지하고, 별들은 모두 3펜스 동전만큼이나 작다. 나는 천문학을 진정으로 믿지 않는다. 그것은 사람들이나 동물들의 감각으로 포착된 모습에 대한 복잡한 설명일 뿐이다. 나는 공간뿐만 아니라 시간에도 원근법을 적용한다. 세월이 지나면 세계는 차갑게 식어서 모든 것이 죽을 것이다. 그러나 그때까지는 긴 시간이 남아 있고, 현재로서는 그 중요성을 낮춰 잡아야 할 여러 가지 요인을 모두 고려하고 나면, 천문학은 전혀 중요하지 않다.

유명한 〈뉴요커〉 표지에도 비슷한 생각이 담겨 있다. 이 잡지의 표지에 그려진 '세계 지도'는 거의 전체가 맨해튼으로 채워져 있고, 세계의 나머지는 쪼그라들어서 배경에 간략하게 그려져 있다(1976년 3월 29일자 〈뉴요커〉에

실린 솔 스타인버그의 그림 〈9번가에서 바라본 세상〉을 가리킨다—옮긴이).

램지는 우주의 규모를 보정해서 받아들이는 건강한 관점을 취한다. 동일한 부피의 공간에는 동일한 물질과 운동의 잠재력이 있지만, 그렇다고 해서 그것들이 모두 동일한 중요성을 가진다는 뜻은 아니다. 아무런 차이가 없는 텅 빈 영역은 중요성이 떨어진다. 비슷하게, 동일한 시간 간격은 동일한 시계의 째깍거림의 횟수에 해당하지만, 그렇다고 그 시간들이 동일하게 중요하다는 뜻은 아니다. 대부분의 사람들에게, 대부분의 시간에서, 가까운 사건이 더 중요하다. 이것은 우리가 세계에 대처하는 전략으로 어린 시절에 자연스럽게 익힌 태도이다.

그러나 램지는 어린 시절이 지나서도 이 태도를 고수했고, 너무 멀리 끌고 갔다. 그는 천문학을 믿지 않는다고 말했지만, 나는 그의 말을 믿지 않는다. 반대로 그가 파스칼과 마찬가지로 우주의 엄청나게 광활한 공간과 시간을 두고 괴로워했을 것이라고 나는 추측한다. 슬프게도 우주의 중요성을 부인함으로써 그는 영감의 원천이 될 만한 것을 일부러 외면했다. 그는 위대한 수학자, 경제학자, 철학자에다 위대한 우주론 학자까지 될 기회를 놓쳤다.

우리는 '저 밖'에 풍부함이 있고 '여기 안'에도 풍부함이 있다는 것을 안다. 두 사실이 모순되지 않으며, 우리는 둘 중에 하나를 선택할 필요가 없다. 서로 다른 관점에서 우리는 작기도 하고 크기도 하다. 두 관점이 모두 물리적 세계의 체계에서 우리 인간의 위치에 대한 중요한 진리를 담고 있다. 실재를 온전하게 현실적으로 이해하기 위해서 우리는 둘 다를 품어야 한다.

시간의 풍부함

공간이 그랬듯이, 시간도 마찬가지이다. 시간이 풍부하며, 바깥쪽으로도 풍부하고 안쪽으로도 풍부하다. 우주적 시간의 광대함에 비해 우리는 보잘것없이 작지만, 우리 안에도 광대한 시간이 들어 있다.

과학소설의 선구자 중 한 사람이었던 천재적인 작가 올라프 스태플던은 우주 역사의 거대한 전망을 이야기한 《스타메이커Star Maker》에서 이렇게 썼다. "따라서 인간 역사의 모든 시간이란, 그에 앞선 종種들, 끊임없이 계속된 세대들을 포함해도, 우주의 역사에서는 찰나에 불과하다." 로마의 철학자 세네카는 〈인생의 짧음에 관하여〉에서 반대의 생각을 표현했다. "왜 우리는 자연을 탓하는가?" 그는 이렇게 썼다. "자연은 관대하다. 사용하는 방법을 안다면, 인생은 길다."

이 장을 읽어보면 스태플던과 세네카가 둘 다 옳다는 것을 알게 될 것이다

시간이란 무엇인가?

논의가 모호하거나 무의미해지지 않도록, 잠시 심호흡을 하고 나서 매우 기본적인 질문을 살펴보자. 시간이란 무엇인가?

시간은 심리적으로 공간만큼 쉽게 와닿지 않는다. 우리는 시간 속에서 자유롭게 돌아다닐 수 없으며, 선택된 순간으로 되돌아갈 수도 없다. 순간이 한번 지나고 나면, 그것은 과거가 된다. 지금이 아니었다가 지금이 되고, 그렇게 지나가고 나면 다시 지금이 되지 않는다.

위대한 사상가였던 성 아우구스티누스는 누구나 느끼는 이 당혹스러움에 대해 이렇게 말했다. "시간이란 무엇인가? 아무도 나에게 묻지 않는다면, 나는 안다. 누가 나에게 물어서 내가 설명해주려고 하면, 나는 모른다."

재치 있고 심각하지 않은 다음과 같은 답은 아인슈타

인의 말이라고 잘못 알려져 있지만, 과학소설 작가 레이 커밍스가 처음 한 말이다. "시간은 모든 일이 한꺼번에 일어나지 않도록 해주는 것이다."

또 다른 의미심장한 대답은 얼핏 보기에는 전혀 진지해 보이지 않는다. "시간은 시계가 재는 것이다." 그러나 나는 이것이 올바른 답의 씨앗이라고 생각한다. 우리는 여기에서부터 출발해야 한다.

자연에는 주기적으로 반복되는 현상이 많이 있다. 낮과 밤의 순환, 달이 차고 기우는 순환, 계절의 순환, 사람과 동물의 심장 박동 등은 명백하고 흔하게 겪는 경험이다. 맥박은 개인 차이가 있지만 평온한 상태에서는 대략 일정하게 뛴다. 또한 달이 차고 기우는 순환, 즉 음력의 한 달도 거의 같은 날의 수로 이루어진다.

계절의 순환은 뚜렷하지 않다. 기후가 일정하지 않기 때문이다. 계절을 잘 예측하기 위해 여러 문명이 천문학에 의지해서 시간을 측정하는 기술을 개발했다. 그들은 하늘에서 태양의 운행을 계속 관찰한다는 아이디어를 얻었다. 태양이 어디에서 뜨고 어디로 지는지, 태양이 얼마나 높이 올라가는지를 날마다 기록하는 것이다. 이러한 위치의 변화는 훨씬 더 규칙적이다. 반면에 기후 패턴에 나타나는 계절적 변화는 예측 불가능하게 요동친다. 태양을 계속 관찰함으로써 사람들은 훨씬 더 정확하고 유용한 계절과 1년의 정의를 얻었다. (계절은 동지, 하지, 춘분, 추분의 간격으로 공식적으로 정의된다. 동지와 하지 때는 해가 가장 멀리 치우쳐서 뜨고 지며, 춘분과 추분 때는 하루 동안에 일어나는 변화가 가장 크다. 동지와 하지 때는 또한 낮과 밤의 차이가 가장 크며, 춘분과 추분 때는 낮과 밤의 길이가 같다. 1년은 계절이 완전히 한 번 순환하는 것을 말한다.) 이러한 정밀한 정의를 내린 다음에, 사람들은 각각의 계절이 같은 날수로 되어 있다고, 또는 같은 음력의 달수로 되어 있다는 것을 알았고, 그것도 매년 똑같다는 것을 알았다. 그들은 달력을 만들었고, 이것은 삶의 많은 면에서 도움이 되었다. 예를 들어 언제 곡식을 심고 거두면 좋을지 알아낼 수 있었고, 사냥하는 사람들은 동물의 떼가 언제 이동할지 예측할 수 있었다.

짧게 말해서 생리적인 현상과 천문학적 현상에서 여러 가지 다른 순환 과정들이 있고, 이것들이 서로 동기화된다는 것을 알아냈다. 이 모든 것이 동일한 북소리에 따라 행진한다. 우리는 이것들 중 아무거나 사용해서 다른 아무것이나 측정할 수 있다.* 모든 것이 공유하는 보편적인

---

* 확실히 맥박으로 하루를 재려면 굉장한 인내심이 필요할 것이다. 그러나 예를 들어 그림자의 움직임을 이용하면 하루를 잘게 나눌 수 있다.

박자가 있다는 관찰은 물리적인 세계가 작동하는 방식에 관한 심오한 사실을 보여준다. 이 박자 자체를 나타내기 위해, 우리는 세계의 모든 순환이 연결된 어떤 것이 있어서, 이것이 언제 반복할지를 알려준다고 말한다. 그 어떤 것이 시간의 **정의**이다. 시간은 변화가 행진하는 북소리이다.

그 외에도 인간의 경험에 시간이 드러나는 두 가지 핵심적인 방식이 있다. 하나는 음악에서 하는 역할이다. 함께 노래를 부르거나 음악을 연주할 때, 또는 춤을 출 때, 우리는 참여하는 모든 사람들이 박자를 맞출 것으로 기대한다. 이 경험은 워낙 익숙하므로 우리는 이것을 당연하게 여긴다. 이것은 우리가 매우 높은 정밀도로 시간의 경과에 대한 공통의 감각을 갖고 있다는 설득력 있는 증거이다.

시간이 드러나는 또 다른 방식은, 어쩌면 이것이 인간에게 가장 중요한 것일 텐데, 인생사와 관련된다. 거의 모든 아기들은 대략 동일한 일정에 따라 자란다. 걸음마를 시작하고 말을 하는 것과 같은 여러 가지 이정표에 거의 정해진 달(날, 또는 주)에 맞춰서 도달한다. 사람은 나이에 맞춰서 거의 예측 가능한 패턴을 따라 키가 자라고, 성인이 되고, 열심히 살다가 죽는다. 우리들 각자가 시계이다.

정확하게 읽기 어려울 따름이다.

펼쳐지는 인생사가 보여주듯이, 시간은 순환적인 진행뿐만 아니라 순환하지 않는 진행도 관장한다. 사람들이 과학적으로 세련되어지고 물리적 세계에서 일어나는 운동과 여러 종류의 변화를 연구함에 따라, 그들은 거듭해서—지금까지는 모든 경우에서—모든 변화들이 동일한 리듬에 따라 진행된다는 것을 알아냈다. 천체들의 위치 변화, 힘에 반응하는 물체들의 위치 변화, 화학 반응의 진행, 빛이 공간에 퍼져 나가는 것, 그리고 훨씬 더 많은 모든 변화가 모두 동일한 시간에 따라 전개된다.

이것을 다르게 말해보자. 대개 t라고 적는 양이 있는데, 이것은 물리적 세계에서 변화가 어떻게 일어나는지 알려주는 우리의 근본적인 기술記述에 나타난다. 이것은 또한 사람들이 이렇게 물을 때 말하는 바로 그것이다. "지금 몇 시지?" 이것이 시간이다. 시간은 시계가 재는 것이며, 변화하는 모든 것은 시계이다.

역사적 시간:
우리가 아는 것과 그것을 알게 된 방법

앞 장에서 빅뱅을 살펴볼 때, 우리는 우주적 시간이 얼마나 긴지 이미 보았다. 빅뱅이 일어난 지 138억 년이 지났다. 인간의 수명 규모로 볼 때 이것은 진정으로 매우 긴 시간이다. 이것은 인간 수명의 수억 배에 해당한다.

138억 년이라는 시간은 아찔할 정도로 큰 수이지만, 빅뱅은 우리의 경험으로부터 까마득하게 멀다. 시간의 풍부함을 음미하려면 오래전의 역사를 가까이 생각해보아야 한다. 매우 긴 시간을 측정하는 데는 두 가지 방법이 있다. 방사능 연대 측정과 천체물리학의 방법이다. 이것들을 차례로 알아보자.

방사능 연대 측정은 동위원소를 이용한다. 동위원소들은 원자핵 속에 들어 있는 양성자 수는 같지만 중성자 수가 다르다. 동위원소들의 화학적 성질은 거의 똑같다. 그러나 여러 종류의 원자핵은 불안정해서 붕괴하는데, 종류에 따라 각각 특정한 수명이 있다. 화학적 성질이 동일한 동위원소끼리 수명이 크게 다른 경우도 많다. 방사능 연대 측정은 이 두 가지 특징, 즉 화학적 성질은 같고 수명이 다르다는 점을 이용한다.

상황을 확실하게 하기 위해, 방사능 연대 측정의 중요한 사례인 탄소를 이용하는 경우를 살펴보자. 탄소의 가장 흔한 동위원소는 ^{12}C(탄소-12)이며, 이 원소의 핵은 양성자 6개와 중성자 6개로 이루어진다. ^{12}C 핵은 매우 안정적이다. 탄소에는 ^{14}C(탄소-14)라는 또 하나의 중요한 동위원소가 있다. 이 원소는 불안정해서 '방사성'을 띤다.

^{14}C의 반감기는 5,730년이다. 다시 말해 ^{14}C 원자로 이루어진 시료는 5,730년 뒤에 양이 반으로 줄어든다. ^{14}C 핵이 전자와 반중성미자를 내놓으면서 질소(^{14}N) 핵으로 바뀌는 것이다. 이러한 핵반응(방사능과 약한 상호작용)에 대해서는 나중에 더 자세히 알아볼 것이다. 우리의 현재 목적으로는, 자세한 내용들은 중요하지 않다.

물론 정말로 이렇게 되는지 확인하기 위해 5,730년을 기다릴 필요는 없다. 유기 물질의 아주 작은 시료 속에도 탄소 원자가 아주 많이 들어 있고, 짧은 시간 안에도 많은 붕괴를 탐지할 수 있다. 시료에서 전자가 얼마나 많이 나오는지 관찰하면, 항상 지금 남아 있는 ^{14}C의 양에 비례하는 만큼의 양이 붕괴한다는 것을 알게 된다.

우주는 5,730년보다 훨씬 오래되었기에, 이런 질문이 나온다. 왜 ^{14}C가 아직도 남아 있는가? 핵심적인 사실은 새로운 ^{14}C 핵이 지구 대기에서 우주선宇宙線에 의해 계속 만들어진다는 것이다. 이렇게 해서 붕괴되는 만큼 생성되어, 대기 중의 ^{14}C와 ^{12}C의 비율이 유지된다.

생물은 대기 중에서 직접 탄소를 흡수하거나, 대기 중의 탄소가 물에 녹은 직후에 물에서 흡수한다. 생물이 흡수한 탄소에는 ^{14}C/^{12}C 균형이 반영된다. 그러나 한번 생명체 속에 흡수된 다음에는 ^{14}C가 붕괴되기만 하고 보충되지 않는다. 그다음부터는 비율이 시간에 따라 줄어드는데, 이것을 예측할 수 있다. 따라서 생명체의 잔재에서 ^{14}C와 ^{12}C의 비율을 측정하면, 그 생명체가 언제 죽어서 탄소 흡수가 정지되었는지 알 수 있다.

비율 측정에는 두 가지 실용적인 방법이 있다. ^{12}C가 언제나 ^{14}C보다 훨씬 많기 때문에, 단순히 전체 탄소의 양이 ^{12}C의 양이라고 추정해도 된다. ^{14}C의 양을 알아내기 위해서는 방사능을 측정할 수 있다. 시간당 방출되는 전자 수를 측정하는 것이다. 일정한 시간 동안에 ^{14}C가 붕괴하는 비율을 알기 때문에, 이 측정으로 ^{14}C의 양을 알아낼 수 있다.

더 현대적인 방법은 시료를 가속기에 넣고 물리적으로 ^{14}C와 ^{12}C를 분리하는 것이다. 이 동위원소들은 강력한 전기장과 자기장 속에서 서로 다르게 운동하기 때문에 분리하는 것이 가능하다. 이 두 방법이 일관된 결과를 가져온다.

탄소 동위원소 연대 측정은 고고학과 고생물학에서 널리 사용된다. 이 방법은 예를 들어 미라를 포함해서 고대 이집트와 네안데르탈인 유물의 연대 추정에 사용된다. 우리는 이집트 유물의 일부를 역사 기록과 비교할 수 있고, 이들이 서로 일치한다는 것을 확인했다. 네안데르탈인들은 기록을 남기지 않았지만 탄소 동위원소 연대 측정법 덕분에 그들이 유럽에서 수십만 년 동안 번성했고 최근에는 4만 년 전까지 살았다는 것을 알 수 있다.

우리는 또한 초기 현생 인류(호모 사피엔스)의 뼈와 흔적들의 연대도 측정할 수 있다. 이 유물들로부터 우리는 우리 종이 30만 년쯤 전에 나타났다고 추정한다. 초기의 기록이 드문 것은 인구가 적었음을 가리킨다. 호모 사피엔스는 처음에는 특별히 성공적인 종이 아니었다.

탄소 동위원소로 측정한 연대를 확인하는 방법에는 여러 가지가 있다는 사실이 중요하다. 우리는 앞에서 이야기했던 거리의 사다리와 비슷하게 시간의 사다리를 구축할 수 있다. 단순하고 고전적이며 특별히 아름다운 예가 오래된 나무이다. 나무는 매년 나이테를 만든다. 나무는 계절에 따라 생장 속도가 다르기 때문에 해마다 뚜렷한 흔적이 남는다. 오래된 나이테와 새로 생긴 나이테에서 채취한 시료로 탄소 연대 측정이 잘 맞는지 확인할 수 있다.

^{14}C와 ^{12}C의 쌍 말고도 넓은 범위의 반감기를 가진 여러 동위원소 쌍이 있다. 본질적으로 똑같은 기술을 사용해서, 탄소 동위원소로 알 수 있는 것보다 훨씬 긴 시간을 측정할 수 있다. 예를 들어, 우라늄과 납의 동위원소로 그린란드 서부 광물 시료(편마암)의 연대를 알아볼 수 있다. 그 결과는 대략 36억 년이라는 연대와 일치한다. 따라서 우리는 이 암석들이 36억 년 전에 형성되었으며, 그때 이후로 화학적인 변화가 거의 없었다고 추론한다. 이러한 방식으로 우리는 지구가 관측 가능한 우주의 생애에서 상당한 기간 동안(4분의 1 이상) 고체 행성으로 존재했다는 것을 알아냈다.

천체물리학으로도 별들의 나이를 알 수 있다. 별들은 핵 연료를 태우면서 에너지를 만든다. 별들은 연료가 소모되면서 크기, 형태, 색깔이 변한다. 예를 들어 우리의 태양은 50억 년쯤 뒤에 적색거성이 될 것으로 예측된다. 그때는 태양의 몸집이 커져서 수성과 금성을 잡아먹고, 지구에도 큰 영향을 줄 것이다. 이론에 따르면, 10억 년이 더 지난 뒤에는 확장된 대기가 떨어져 나가서 태양은 지구 크기의 뜨거운 백색왜성이 될 것이다. 그런 다음에 점점 식어서 검게 어두워질 것이다.

별의 진화에 대한 이론을 여러 가지 방법으로 검증할 수 있다. 예를 들어, 우리는 별들이 서로 가까이 무리 지어 있는 것을 볼 수 있다. 같은 무리에 속하는 많은 별들은 (우주적 척도로) 대략 같은 시기에 형성되었다고 생각하는 것이 합리적이다. 그렇다면 이 별들은 모두 나이가 같을 것이다. 별은 나이가 들면서 예측 가능한 방식으로 진화하며, 색깔과 밝기가 변한다. 별의 진화에 관한 이론을 이용해서 별의 나이를 계산할 수 있다. 천문학자들은 성단 속 여러 별들의 나이를 계산해 이들이 서로 일치하는 경우를 많이 발견했고, 따라서 성단의 연대를 추정하는 동시에 별의 진화 이론이 옳음을 확인할 수 있었다.

우리는 이런 방식으로 몇몇 가장 오래된 별들이 관측 가능한 우주만큼이나 오래되었다는 것을 알아냈다. 다시 말해서, 별의 형성이 빅뱅 이후 10억에서 20억 년 사이에 시작되었다는 것이다. 반면에 어떤 별들은 매우 젊으며, 여전히 별이 형성되고 있는 영역도 있다.

요약해서 다음과 같이 말할 수 있다.

- 우주의 역사에서 별과 행성은 꽤 일찍부터, 대략 130억 년 전부터 형성되기 시작했다. 새로운 별들이

계속 형성되는데, 그 비율은 조금씩 줄어들고 있다.

- 태양과 지구가 현재와 비슷한 형태를 갖춘 것은 50억 년 전쯤이다.
- 인간이 현재와 비슷한 형태를 갖춘 것은 훨씬 나중이며, 대략 30만 년 전이다. 이것은 1만 세대 또는 인간 수명의 5천 배쯤에 해당한다.

내부의 시간

시간에서 **내부의 풍부함**은 생각을 가능하게 하는 기본적인 전기·화학 반응 속도와 인간의 수명을 비교할 때 드러난다. 이렇게 비교해보면 사람이 살아 있는 동안에 어마어마한 정도의 개별적인 경험과 통찰을 할 시간이 있다는 점이 드러난다.

생각의 속도

볼프강 아마데우스 모차르트는 35세에 죽었다. 프란츠 슈베르트는 31세에, 위대한 수학자 에바리스트 갈루아는 20세에, 위대한 물리학자 제임스 클러크 맥스웰은 48세에 죽었다. 명백히, 한 사람이 일생 동안에 많은 창조적인 사고를 할 수 있다. 얼마나 많은 것이 가능할까?

깜짝 놀랄 정도로 다양한 뇌의 작용에 대해 속도의 단일한 기준을 적용할 수 없으므로, 이 질문은 얼마간 모호하다. 그렇더라도 거칠지만 의미 있는 대답이 가능하다고 나는 생각한다.

인간의 신호 처리에서 한 가지 근본적인 제약은 뉴런이 서로 교신하기 위해 사용하는 전기적 활성의 펄스(작용 퍼텐셜) 사이의 정지 시간이다. 회복에 필요한 이 시간 때문에, 가능한 펄스의 수는 뉴런의 유형에 따라 다르지만 대략 초당 몇십에서 몇백 회이다. 동영상이 사실은 정지 화상의 연속이라는 것은 잘 알려져 있다. 사람이 정지 화상을 구별할 수 없게 되는 한계가 초당 40프레임이라는 것은 우연이 아닐 것이며, 이 값은 뇌가 쉽게 처리할 수 있는 1초당 펄스 수에 맞춰져 있다. 이 프레임 수는 시각 신호를 얼마나 빨리 뇌가 사용할 수 있는 형태로 처리할 수 있는지 알려주는 객관적인 척도이다. 이것은 우리가 평생 동안 1,000억 개쯤의 구별되는 장면들을 처리하고 '이해'할 수 있다는 뜻이다.

우리가 할 수 있는 의식적인 생각의 수는 이것보다 확실히 적겠지만, 여전히 엄청나게 많을 것이다. 예를 들어, 말하는 속도는 평균적으로 초당 두 단어쯤이다. 다섯 단어가 상당한 생각을 표현한다고 추산하면, 사람은 평생 동안에 대략 10억 가지 생각을 할 여유가 있다.

이러한 추산에 따르면, 우리는 평생 동안 10억 번이 넘게 세계를 경험할 수 있는 재능을 타고났다. 이러한 중요한 의미에서, 내부에는 시간이 풍부하다. 이 같은 추산도 너무 보수적일 수 있다. 뇌는 병렬 처리가 가능해서, (대부분은 무의식적으로) 여러 가지 생각을 동시에 할 수 있기 때문이다.

T. S. 엘리엇은 〈J. 앨프리드 프루프록의 사랑 노래〉에서 더 아이러니하게 같은 결론에 이른다. "1분 안에는 / 1분을 되돌릴 만큼의 결정과 개선을 할 시간이 있다."

조상들과 기계 덕분에 우리는 생각의 자원을 아주 크게 늘릴 수 있다. 우리는 몸을 따뜻하게 유지하거나 음식물을 얻는 방법을 무無에서 재발견하지 않아도 된다. 좀 더 높은 수준에서 보자면, 우리는 미적분학을 다시 발견하거나 현대 과학과 기술의 기초를 재발견할 필요가 없다. 심지어 현대의 컴퓨터와 인터넷 덕분에, 소중한 생각을 지루한 계산을 하거나 대량의 정보를 기억하는 데 쓸 필요가 없다. 이러한 자원들을 사용해서 우리는 임청난 양의 생각을 외부에 맡기고 더 많은 내부의 시간을 다른 용도로 돌릴 수 있다.

자연은 인간의 생각 속도에 구애받지 않는다. 사건들은 사람이 처리할 수 있는 속도인 초당 40회보다 훨씬 빨리 일어날 수 있다. 우리의 시각이 그것들을 해독할 수 없다는 사실과 사건이 일어나는 속도는 무관하다. 고성능 노트북에 사용되는 CPU와 같은 현대적인 정보 처리 장치의 '클럭 속도'는 10기가헤르츠에 근접하는데, 이것은 1초에 연산을 100억 번 수행할 수 있는 속도이다. 컴퓨터는 뇌보다 훨씬 빨리 동작할 수 있다. 트랜지스터는 뉴런이 사용하는 훨씬 느린 확산과 화학 반응에 의존하지 않고 전기적으로 구동되는 전자의 운동을 사용하기 때문이다. 자연이 제공하는 이러한 수단 덕분에, 인공지능의 제한 속도는 자연지능이 생각하는 속도보다 대략 10억 배 빠르다.

시간의 측정

시계와 시간 측정의 역사는 물리학의 역사 속으로 깊이 들어와 있다. 옛날의 시계는 태양의 위치를 측정하거나 (해시계), 모래나 물이 아래로 떨어지는 운동을 이용하거나, 촛불 등을 사용했다. 갈릴레오와 크리스티안 하위헌스 같은 전설적인 인물들이 기계적인 진자 시계를 개발했고, 이것은 몇십 년에 걸쳐 개량되어서 20세기로 넘어온 지 한참 뒤까지도 정확성의 표준 역할을 했다.

20세기에는 완전히 다른 물리적 원리를 바탕으로 더 정확한 시계들이 나왔다. 시계 제작의 첨단에서, 흔들리는 진자와 풀려나는 태엽은 진동하는 결정結晶으로 대체되었고, 이것은 다시 진동하는 원자로 대체되었다. 이러한 더 작은 진동기는 외부 세계의 소란에 거의 영향을 받지 않고, 동작할 때의 마찰도 거의 없다. 그 결과로 오늘날의 정확한 원자시계는 매우 안정되게 작동해서 10^{-18} 정도의 정확도를 보인다. 이런 정밀도의 두 시계가 우주의 수명만큼 동작했을 때 서로간의 차이는 1초 미만이다. 오늘날 비교적 싸고 조그마한(칩 정도의 크기) 원자시계는 10^{-13}의 정밀도를 가진다. 이런 시계는 백만 년에 몇 초쯤 차이가 난다.

이런 엄청난 정밀성은 불필요해 보일 수도 있지만, 실제로 이것들은 대단히 유용하다. 대표적인 예가 GPS를 이용한 정확한 거리 측정이다. (예를 들어, 거대한 기계를 정밀하게 정렬할 때 이런 기술을 이용할 수 있다.) 시간에서 아주 작은 차이만 나도 빛의 속력을 곱하면 거리 차이가 꽤 커진다는 점에 주목하자.

더 정밀하고 정확한 시계를 만드는 일은 현대 물리학에서 놀랍도록 창조적인 분야이며, 도전해볼 만한 과제이다. 최근의 사례는 나의 연구에서 나왔다. 내가 예측하고 나중에 관찰된 새로운 물질의 상태인 '시간 결정time crystal' 속에서 수많은 원자들을 엮으면, 단일 원자를 이용할 때보다 더 뛰어난 원자시계를 구현할 가능성이 있다.

짧은 시간을 구별하기

앞에서 공간에 대해 했던 것처럼, 극단적으로 짧은 시간 간격에 대해서는 덜 직접적인 수단으로 측정해야 한다. 공간의 경우에, 엑스선 회절과 가이거와 마스든의 방식으로 산란에서 얻는 정보로 원자와 그 이하 세계의 형태(영상)를 얻을 수 있다. 이 기술에서는 표적, 즉 영상을 얻으려는 대상에 입사하는 엑스선이나 입자들의 운동 방향이 어떻게 바뀌는지 관찰한다.

빠르게 일어나는 사건들을 들여다볼 때도 비슷한 방법을 사용하지만, 이번에는 운동 방향의 변화보다는 에너지 변화가 중요하다. 빠른 사건의 세계는 놀랍고 경탄할 일로 가득하다. 여기에서 몇 가지 중요한 사례를 살펴보자.

고출력 레이저를 사용하면, 화학 반응에서 일어나는 일련의 사건들을 구별해서 볼 수 있다. **펨토화학**femtochemistry은 10^{-15}초(펨토초) 간격으로 사건을 관찰할 수 있다. 이해한 다음에는 응용할 수 있다. 라식수술에서는 펨토초 레이저 펄스를 이용해서 환자의 각막을 성형한다.

고에너지 가속기를 사용하면 더 짧은 시간도 구분할 수 있다. 나중에 이러한 예를 더 자세히 살펴볼 것이다. 힉스 입자의 발견은 20세기 물리학의 위대한 승리이다. 이 입자는 매우 불안정해서, 겨우 10^{-22}초 동안 살아 있을 뿐이다. 따라서 이 입자가 존재한다는 증거를 확인하려면 이 정도의 시간 규모에서 사건들을 재구성할 수 있어야 한다.

시간의 미래

물리적 시간의 엔지니어링

아인슈타인의 일반상대성 이론은 우리의 중력 이론과 함께 승승장구하고 있다. 이 이론은 우리에게 시공간이 휘고 뒤틀릴 수 있다고 가르친다. 이 사실은 시간 여행, 포털, 웜홀, 워프 항법과 같은 꿈에 날개를 달아준다. 이러한 환상과 욕망을 엔지니어링으로 실현할 수 있을까?

나는 예측 가능한 미래에 우리가 물리적 시간을 제어할

수 있게 될 가능성은 희박하다고 생각한다. 레이저 간섭계 중력파 검출기LIGO, Laser Interferometer Gravitional-Wave Observatory로 중력파를 관측한 것은 가장 최근에 이루어진, 어쩌면 가장 순수한 일반상대성 이론의 검증이겠지만, 아이러니하게도 이 실험이 문제점을 가장 잘 드러낸다.

LIGO는 시공간의 미세한 뒤틀림을 탐지하기 위해 설계된 정교한 장치이다. 이 장치는 4킬로미터 떨어져 있는 두 반사경의 상대적인 위치가 원자핵 크기의 1천분의 1만 차이가 나도 그 변화를 탐지할 수 있다. 그러나 이 정도로 민감한 LIGO도 태양보다 훨씬 무거운 두 블랙홀이 거세게 충돌할 때 일어나는 공간의 뒤틀림을 겨우 탐지한다. 메시지는 단순하다. 시공간은 비틀릴 수 있지만, 그렇게 하기는 엄청나게 힘들다.

심리적 시간의 엔지니어링: 건너뛰기와 되돌아가기

물리적 시간은 대단히 뻣뻣하다. 실제의 시간은 물리적 우주의 모든 존재들에게 똑같이, 일정하게 한 방향으로 흐른다. 심리적 시간은 꽤 다르다. 이것은 굽이치고, 갈라지고, 민첩하게 건너뛸 수 있다. 우리는 과거로 되돌아갈 수 있고, 기억의 도움을 받을 수 있다. 이렇게 함으로써 우리는 그 속에서 더 빠르거나 더 느리게 갈 수 있고, 건너뛸 수도 있다. 또는 일어났으면 하고 바라는 것을 상상함으로써 심리적 시간을 변경할 수 있다. 우리는 대안적인 미래를 일상적으로 상상하고, 바람직한 것을 실현하기 위해 행동을 계획하기도 한다. 이것이 아마 전두엽이 주로 하는 일일 것이다. 엄청나게 뒤얽혀 있는 전두엽이야말로 사람과 다른 동물을 구별하는 유일한 특징일 것이다.

컴퓨터는 본질적으로 늙지 않고, 이전의 상태를 정밀하게 재현할 수 있으며, 여러 가지 프로그램을 병렬로 처리할 수 있다. 이러한 플랫폼을 바탕으로 하는 인공지능은 자기의 심리적 시간을 매우 정확하고 유연하게 조작할 수 있을 것이다. 놀랍게도 인공지능은 즐거움을 느낄 수 있는 상태로 자기를 조작할 수 있고, 그 상태를 다시 살아볼 수 있으며, 그때마다 신선하게 경험할 수 있을 것이다.

심리적 시간의 엔지니어링: 속도

사람이 생각하는 속도(초당 몇십 회 정도로 추산된다)와 전자의 운동을 이용하여 컴퓨터 클럭 속도로 구현되는 생각의 속도에는 큰 차이가 있다. 앞에서 말했듯이 이것의 차이는 10억 배 정도이다. 원자 수준에서 일어나는 일들은 펨토초 정도이며, 컴퓨터의 클럭 속도보다도 수천 배 빠르다. 이렇게 보면 삶을 순간 속에 욱여넣을 수 있는 많은 여유 공간이 있다.

고도로 진화한 사이보그나 완전한 인공지능에게는 (현재의) 표준적인 사고 속도를 뛰어넘을 수 있는 넉넉한 여유 공간이 있다. 파국적인 핵전쟁이나 기후변화를 막는 일은 곧 가능해질 것이다. 내 추측으로는 몇십 년 안에 이루어질 것이다.

더 과감하게 상상의 영역으로 넘어가면, 원자 아래의 수준에서 작동하는 생물을 생각해볼 수 있다. 로버트 포워드의 재미있는 하드 SF 《용의 알Dragon's Egg》은 이 주제를 다룬다. 그는 지성을 갖춘 생물 칠라cheela를 상상했는데, 이 생물은 중성자별 표면에서 진화한다. 이 환경에서는 원자 화학이 아니라 핵 화학이 지배한다. 핵 화학은 원자 화학보다 훨씬 더 큰 에너지를 교환하고, 따라서 더 빠르게 작동한다. 칠라의 시대는 인간의 눈에는 순식간에 지나간다. 인간 우주비행사들이 그 별을 방문했을 때, 칠라는 과학적으로 뒤떨어진 생명이었다. 그런데 이 생명체들은 우주비행사들의 문헌에 접근하고, 30분 뒤에 인간의 문명 수준을 뛰어넘는다.

심리적 시간의 엔지니어링: 지속

조너선 스위프트는 《걸리버 여행기》에서 불멸의 종족 스트럴드브러그를 소개한다. 그들은 죽지는 않지만 늙어간다. 그들은 늙어가면서 약해져서 사회에 부담을 주는 비참한 존재가 된다. 신화와 문학에서는 불멸의 비참함 또는 사악함이라는 주제가 자주 나온다. 의도된 교훈은 다음과 같다. 장수를 원하는가? 무엇을 바라는지 주의하라.

솔직히 말해서 이것은 신 포도라고 생각된다. 죽음에 의해 기억과 학습이 소멸되는 것은 끔찍한 낭비이다. 사람이 건강하게 오래 사는 것은 과학의 주요 목표 중 하나이다.

3

성분은 아주 적다

어린 시절에 우리는 여러 가지를 다루는 방법을 배운다. 다른 사람들, 동물, 식물, 물, 흙, 돌, 바람, 해와 달, 별, 구름, 책, 스마트폰 등등. 이것들을 어떻게 식별하는지, 이것들이 우리에게 어떻게 영향을 주는지, 우리가 그것들에게 어떻게 영향을 주는지에 대해 유형별로 각각의 모형을 발전시킨다. 이 모든 것들이 겨우 몇 가지 기본적인 빌딩 블록으로 이루어지며, 똑같은 빌딩 블록의 개수가 엄청나게 많다는 생각은 우리가 일상에서 발전시킨 모형에서는 중요하지 않다. 그러나 이것이 과학의 핵심적인 가르침이다.

원자와 그 너머

> 만약에 어떤 파국이 닥쳐서 모든 과학
> 지식이 파괴될 것이고, 단 한 문장만을 다음
> 세대에 전해줄 수 있다면, 어떤 문장이 가장
> 적은 단어들로 가장 많은 정보를 담을 수
> 있을까? 나는 그것이 **원자 가설**(또는 **원자 사실**,
> 무엇이라고 불러도 좋다)이라고 생각한다.
> **모든 것은 원자로 이루어져 있다.**
>
> ─리처드 파인먼

'원자atom'라는 말은 '부분이 없다'는 뜻의 그리스어 단어에서 나왔다. 오랫동안 과학자들은 화학 반응에서 교환될 수 있는 가장 작은 물체가 궁극적인 물질의 단위라고 생각해왔다. 이러한 화학적인 기본 빌딩 블록을 '원자'라고 불러왔고, 이 이름이 고착되었다.

그러나 더 극단적인 조건의 물질을 연구하게 되자, 화학적 '원자'가 더 작은 단위들로 쪼개질 수 있다는 것을 알게 되었다. 따라서 대부분의 과학 문헌에서 화학의 '원자'라고 불리는 물체가, 궁극적인 빌딩 블록이라는 의미의 '원자'는 아니다.

전통적인 화학의 원자는 핵과 그 주위를 둘러싸는 전

자들로 이루어진다. 핵은 다시 양성자와 중성자로 이루어진다. 여기서 끝이 아니다. 오늘날 최선의 세계 모형에서는 원자가 전자, 광자, 쿼크, 글루온으로 이루어진다. 앞으로 살펴보겠지만, 이것이 진정으로 최종적인 모형이라고 생각할 만한 이유가 있다.

이러한 발견들은 원자 가설의 정신을 이어받고 있다. 그러나 이것들은 우리가 문구를 바꿔야(또한 이름도 바꿔야) 한다는 것을 암시한다. "모든 것은 원자로 이루어져 있다"가 아니라, "모든 것은 기본 입자로 이루어져 있다"고 해야 한다. 그러나 어떻게 말하건 핵심적인 메시지는 명료하다. 물질을 가능한 한 작은 단위로 나눠야 한다는 것이다. 이 일을 제대로 한 다음에는 이것을 개념적으로 재조립해서 물리적 세계를 구성할 수 있다.

현대 과학에서 몇 가지 단순한 성분으로 물리적 실재를 구성한다고 말할 때, '단순한 성분들'과 '구성'에 대해 모두 다시 생각해야 한다. 일상적인 경험에서 다듬어진 우리의 개념은 현대 과학이 만들어낸 이러한 개념들을 잘 다루지 못하기 때문이다.

원리들: 실재와 그 라이벌들

물리적 실재의 가장 기초적인 성분은 몇 가지 원리들과 성질들이다. 이 원리들과 성질들은 우리가 기본 입자라고 부르는 것을 통해서 **표현**된다. 그러나 기본 입자는 우리가 흔히 경험하는 물체들과 중요한 면에서 다르고, 이것을 제대로 이해하기 위해서 우리는 원리들과 성질들에서 출발해야 한다.

네 가지 (속임수처럼) 쉬운 원리

단순하지만 심오한 일반 원리 네 가지가 세계의 작동을 지배한다. 먼저 간략하게 이것들을 말해놓고, 그다음에 더 자세하게 살펴보겠다.

1. **기본 법칙은 변화를 기술한다.** 세계를 두 부분으로 나누어 기술하는 것이 유용하다. 그것은 상태와 법칙이다. 상태는 '무엇이 있는지' 기술하고, 법칙은 '어떻게 변하는지'를 기술한다.
2. **기본 법칙은 보편적이다.** 기본 법칙들은 모든 시간에 모든 곳에서 적용된다.
3. **기본 법칙은 국소적이다.** 어떤 물체에서 바로 다음에

일어나는 일은 그 물체의 지금 바로 근처의 조건에만 의존한다. 이 원리를 가리키는 표준적인 전문 용어는 '국소성locality'이다.

4. **기본 법칙은 엄밀하다.** 법칙들은 정밀하고 예외가 없다. 따라서 이런 법칙들을 수학의 방정식으로 공식화할 수 있다.

일반 원리들은 단순해 보이지만, 그렇게 보일 뿐이다. 이것들은 전혀 자명하지 않다. 심지어 이 원리들은 완벽하게 옳지 않을 수도 있다. 이것들은 논리적 필연성 때문에 옳은 것이 아니라, 현실에서 증명되었기 때문에 옳다. 이 원리들은 물리적 세계가 실제로 작동하는 방식에 대해 인상적으로 잘 맞는 설명을 제공한다. 이 책의 목표는 바로 이러한 설명을 기록하고 정리하는 것이다.

인간 역사의 많은 부분에 걸쳐 사람들은 물리 세계가 작동하는 방식에 대해 여러 가지 다른 관점을 가졌다. 우리의 원리들 중 하나 또는 둘과 모순되는 아이디어들이 전설과 역사에 기록되었고, (최근까지도) 박식한 학자, 철학자, 신학자의 저서에도 기록되었다. 점성술, 텔레파시, 투시, 마법과 같은 것들은 시공간적으로 멀리 떨어져 있는 것들에게 강력하게 작용하는 힘이 있다고 주장한다.

초감각적 지각, 염력, 기도가 부르는 기적, 마법적 사고와 같은 것들은 정신과 의지가 물리적 사건의 진행에 크게 개입한다고 주장한다. 이러한 아이디어들의 대부분이 어린 시절에 우리가 구축했던 세계 모형의 '합리적인' 확장이며, 여기에서 우리의 정신은 육체와 별도로 존재하고 우리의 의지는 육체를 통제한다. 역사적으로 대부분의 사람들의 세계 모형은 이런 것들 중 많은 부분 또는 전부를 받아들였다.

세심하게 통제된 조건에서 어떤 일이 일어나는지 정밀하게 예측할 수 있다고 생각하고, 그것을 실현하기 위해 열심히 노력했던 사람들은 인류의 역사 전체를 통틀어 극소수에 불과했지만, 이 가능성이 우리의 원리들에서 중심적인 메시지이다. 우리의 일반적인 원리들은 17세기에 처음으로 명료하게 공식화되었다. 이것이 과학혁명의 핵심적인 가르침이다.

첫 번째 원리가 주는 메시지는, '다음에 어떻게 될까?'가 '왜 그렇게 될까?'보다 더 다루기 쉽고 훨씬 더 생산적인 질문이라는 것이다. '다음에 어떻게 될까?'가 더 대답하기 쉬운 이유는, 두 번째와 세 번째 원리 덕분에, 이 질문에 대답하기 위해 실험을 할 수 있기 때문이다. 우리는 관심이 있는 상황을 정확하게 재현해서(동일한 상태로 설정해서) 이 상황에서 다음에 어떻게 되는지 관찰할 수 있다.

두 번째 원리 덕분에 우리는 실험을 언제 어디서나 할 수 있다. 언제 어디에서 실험을 해도 보편성의 원리에 의해 우리는 언제나 똑같은 근본 법칙을 발견할 것이다. 실험을 해보자는 이 '확실한' 제안은 두 번째 원리에 의해 편리하게 실행 가능한 제안이 된다.

세 번째 원리인 국소성은 또 다른 결정적인 단순화를 허용한다. 법칙을 공식화할 때 우리는 우주 전체나 역사 전체를 고려할 필요가 없다. 더 정확하게 하면, 국소성의 원리는 지금 여기에 대해서만 적절하게 주의를 기울이면 모든 관계되는 조건을 제어할 수 있다고 우리에게 알려준다.

마지막으로 네 번째 원리인 엄밀성은 우리에게 야심을 가지라고 부추긴다. 이것은 우리가 적절한 개념들을 사용해서 법칙을 기술하면, 간략하지만 완전하고 전적으로 정확한 기술記述을 얻을 수 있다고 말한다. 이것은 다음과 같은 도전이다. '우리는 더 적은 것으로 만족해서는 안 된다.'

짧게 말해서, 이 원리들은 실험을 함으로써 우리가 사물들이 어떻게 변해가는지에 대한 엄밀하고 보편적인 법칙을 얻을 수 있다고 보장해준다. 과학은 이러한 목표를 체계적으로, 그리고 가차 없이 추구한다.

첫 번째에서 네 번째까지의 원리가 함께 작용해서 우리에게 발견 전략을 제공한다. 우리는 엄밀하게 정의되고 반복해서 재현할 수 있는 단순한 상황에 대해 어떤 일이 일어나는지 연구하기 시작한다. 이것들을 완벽하게 익힌 뒤에, 우리는 더 복잡한 상황에서 어떤 일이 일어나는지 추론을 시도할 수 있다.

아기들, 심지어 동물의 새끼들도 이것과 똑같은 실험 전략으로 물리적 실재를 조율한다. 사람들은 예를 들어 공 던지는 방법, 음식을 입에 가져가는 방법, 물리적 세계를 변경하는 수백 가지 방법을 다른 시간과 다른 장소에서의 경험을 엮어서 익힌다. 과학자와, 과학에 개방적인 사람들은 다시 태어난 탐구자들이다. 다시 태어난 '아기들'인 우리는 논리적인 정신, 감각을 보완해주는 장치들, 그리고 우리 앞의 탐구자들이 알아낸 것들의 도움을 받는다.

뉴턴과 국소성

뉴턴은 자신의 가장 영광스러운 발견 중 하나를 대단히 불만스럽게 여겼다. 뉴턴의 법칙에 따르면, 한 물체(B라고 하자)가 다른 물체(A라고 하자)에 작용하는 중력은 두 물체가 아무리 멀리 있어도 시간 지연 없이 곧바로 작용한다. 이것은 A의 운동을 A 바로 근처의 조건만으로는 예측할 수 없다는 뜻이다. 이 경우에는 B가 어디에 있는지도 알아야 한다. 뉴턴은 자기가 직접 찾아낸 법칙의 이러한 면이 매우 불만스러웠고, 친구인 리처드 벤틀리에게 보낸 편지에 이렇게 썼다.

한 물체가 멀리 있는 다른 물체에게로 진공을 통해, 다른 어떤 것의 매개도 없이, 그 작용과 힘이 하나에서 다른 하나로 전달된다는 것은 너무 심하게 터무니없어서, 내가 보기에 철학적인 문제를 잘 다루는 사고력을 갖춘 사람이라면 아무도 이런 생각을 하지 않을 것이다.

뉴턴은 자신이 만든 중력 법칙이 국소성을 어긴다는 것, 다시 말해 우리의 세 번째 원리를 구현하지 못한다는 것을 알고 있었고, 이것을 싫어했다.

이러한 결함은 뉴턴과 그를 따르는 여러 세대의 과학자들에게 순전히 이론적인 문제일 뿐이었다. 실제로 뉴턴의 중력 법칙은 너무나 멋지게 잘 작동했다. 이러한 단점은 미학적인 문제라고 할 수 있었고, 심지어 뉴턴 자신이 그랬듯이 이 결함이 단지 신학적인 문제일 뿐이라고 여길 수도 있다. 탁월한 취향을 가진 신이 이번만은 실수한 것처럼 보였다.

세 번째 원리(국소적 작용의 원리)에 대한 뉴턴의 확신은 놀라운 선견지명임이 밝혀졌다. 그가 죽고 나서 오랜 세월이 지난 뒤에 19세기 중반부터, 물리학자들은 수동적인 '진공'(無, 허공)을 장場으로 채웠다. 이것이 바로 뉴턴이 원했던 힘을 전달하는 물질이다. 입자가 아니라 장이 현대 물리학에서 물질의 근본적인 빌딩 블록이다.[*]

사례 연구: 원자시계

원자시계는 우리의 근본 원리들이 작동한다는 것을 보여주는 뛰어난 예이다.

원자의 진동이 원자시계의 맥박을 제공한다. 원자의 물리적 상태가 원자가 어떻게 변하는지를 결정하며, 이 경우에는 원자가 얼마나 빨리 진동할지를 결정한다(첫 번째 원리의 충족). 실험가들은 시간과 장소를 달리하면서 원자 진동을 측정했고, 그때마다 일관된 답을 얻었다(두 번째 원리의 충족). 물론 실험을 위해서는 몇 가지 실험의 주의 사항을 지켜야 했다(세 번째 원리의 이용과 충족). 그리고

---

[*] 4장의 주제가 이것이다.

앞에서 말했듯이 원자가 얼마나 빨리 진동하는지를 높은 정밀도로 측정했더니 일관된 결과가 나왔다(네 번째 원리의 충족).

이 경우를 포함해서 대부분의 실험에서 가장 까다로운 부분은, '필요한 주의 사항'을 지키는 것이다. 일관된 결과를 얻기 위해서 실험가는 원자를 가두고 그 행동을 관찰하는 데 사용하는 복잡하고 미세하게 조율된 장치들, 즉 레이저, 멋진 냉각 장치, 진공실을 비롯해서 여러 가지 복잡한 전자 장치들을 포함한 많은 것들을 안정되게 조율해야 한다. 실험실 근처를 지나가는 트럭의 진동을 차폐해야 하고, 지구 자체의 지진의 영향도 차폐해야 한다. 장난꾸러기 아이들과 부주의한 학생들이 실험실에 돌아다니면서 장치를 건드리지 못하게 해야 한다. 세 번째 원리(국소성)의 요점은 이러한 주의 사항들과, 다른 일상적인 온도, 습도 등의 보정과 같은 것들이 모두 국소적 조건이라는 것이다. (트럭은 멀리 있겠지만, 문제가 되는 것은 실험실에 전달되는 진동이다.) 고맙게도 과거에 어떤 일이 일어났는지, 미래에 어떤 일이 일어날지, 먼 우주에는 어떤 일이 일어나고 있는지 염려할 필요가 없다.

물질의 핵심은 원자이다. 원자시계로 재현 가능한 정밀한 결과를 얻기 위해 해야 하는 것들 중에 가장 중요한 것은 무엇일까? 기본적으로 네 가지이다. 관심의 대상인 원자들을 다른 원자들과 분리해야 한다. 냉각 장치와 진공실이 이 일을 담당한다. 그리고 원자가 있는 곳의 전기, 자기, 중력 조건을 유지해야 한다. 말하자면 전기장, 중력장, 자기장의 값을 유지하는 것이다. 이 장들은 하전 입자들이 어떻게 운동하고 물체가 얼마나 빨리 떨어지는지 모니터링함으로써 국소적으로 측정된다. 이러한 국소적 조건들 몇 가지를 적절하게 보정하고 나면 그것으로 충분하다. 이렇게 하고 나면 극도로 정밀하고 일관된 원자 진동 속도를 얻을 것이다. 그렇지 않다면, 이제까지의 모든 실험과 다른 위대한 발견을 하게 될 것이다!

사람들, 또는 가상의 초인들이 어떤 생각을 하는지에 대해 염려할 필요가 없다고 지적하는 것은 철학적으로 중요하다. 우리의 섬세한 초정밀 실험은 정신이 직접 물질에 작용한다는 아이디어를 심하게 압박한다. 이런 실험에서는 마술사들이 주문을 걸거나 초감각적 능력을 가진 누군가가 힘을 발휘할 기회가 있으며, 야심에 찬 실험가가 기도의 힘이나 희망적 사고의 힘을 입증해서 영원한 영광을 얻을 수 있다. 효과가 아무리 작아도 탐지할 수 있기 때문이다. 그러나 이제까지 누구도 성공하지 못했다.

다른 원리가 지배하는 세계

세계가 구축되는 원리에 대한 논의를 끝내기 전에, 단순한 사고 실험을 통해 우리의 원리들이 어떻게 틀릴 수 있는지 보여주고 싶다. 사실, 나는 우리의 원리들이 적용되지 **않는** 미래의 있을 법한 세계를 기술할 것이다.

내가 좋아하는 사고 실험 중 하나는 영화 〈매트릭스〉를 비롯해서 많은 SF 이야기에 구현된 것으로, 지적이고 자의식이 있는 존재가 실은 자기가 살고 있는 물리적인 세계에 대해 모른다는 것이다. 논의를 위해, 강한 인공지능의 옹호자가 옳아서, 그런 존재가 있다고 하자. (인공지능과 가상현실의 빠른 발전 덕에 이것이 불가능하지는 않다.)

이 가설적인 존재의 '감각 기관'은 물리적 세계의 관문이 아니다. 그들이 감각 기관으로 받아들이는 것은 컴퓨터가 만들어낸 전기 신호이다. 따라서 이 존재들이 경험하는 '외부 세계'는 데이터의 흐름이고, 그들은 이것을 지각이라고 해석하며, 우리의 사고 실험에서 이것은 실제로 컴퓨터 프로그램이 만들어낸 일련의 긴 신호들이다. 이러한 '외부 세계'는 프로그래머가 작성한 지시를 따르므로, 프로그래머가 넣기로 한 것이면 어떤 규칙이든 따를 수 있다.

이런 세계에서, 우리의 원리들은 모조리 버려질 수 있다.

예를 들어, 지적이고 자기의식이 있는 슈퍼 마리오를 생각할 수 있다. 그가 감각하는 우주는 게임 세계 속에 있다. 자기의식이 있는 우리의 슈퍼 마리오가 감각하는 우주는 게임 속 세계이다. 우리의 슈퍼 마리오는 그가 있는 곳에 따라 다른 법칙이 지배하는 우주에 살고 있다. 더 정확하게 말하면, 그가 겪는 법칙은 그가 달성하는 레벨에 따라 달라진다. 더 일반적으로, 이 우주에서는 법칙이 예측 불가능하게 뒤집어지고, 프로그래머가 만들어놓은 대로 갑자기 놀라운 것들이 나타난다. 변덕스러운 규칙뿐만 아니라, 의도적으로 규칙을 깨기 위한 이스터 에그 같은 것도 있다.

우리는 점성술이 옳은 세계를 구성할 수 있다. 이 세계에서는 사람의 성격과 운명이 그들이 태어났을 때의 별과 행성의 위치에 따라 결정된다. 우리는 이것을 프로그래밍할 수 있다. 여러 종류의 괴물이 일식이나 월식 때 갑자기 나타나도록 프로그래밍할 수도 있고, 멀리 있는 적을 단숨에 쓰러뜨리는 마법의 주문을 걸 수 있게 해서 국소성을 없애버릴 수도 있다. 난수를 사용해서 노이즈를 도입하고, 규칙을 예측불가능하고 부정확하게 할 수도 있다. 컴퓨터 게임 설계자들은 이런 가능성들을 탐닉

한다.

우리는 기적이 일어나는 세계를 구현할 수 있다. 미리 계획된 대본에 따라 역사가 흘러가다가 절정에 이르는 세계를 구현할 수도 있다. 이러한 상상의 세계가 지적 설계론의 핵심 아이디어이다.

위에서 상상한 세계는 첫째 원리가 조금 어긋나고 다른 원리는 완전히 틀린 세계이다. 이 사고 실험은 이 원리들이 필연적으로 옳지는 않으며, 명백하지도 않다는 것을 알려준다. 우리가 살고 있는 물리적 세계가 이 원리들을 따른다는 사실은 놀라운 발견이다. 이것은 쉽게 이룰 수 있는 발견도 아니었고, 쉽게 받아들일 수 있는 것도 아니다.

내가 손을 들겠다고 마음먹을 때마다 이 원리와 모순되는 일이 일어나는 것처럼 보인다. 사실 "나는 손을 들기로 결정했다"라는 문장의 문법은 다음과 같은 것을 의미한다. 물리적인 세계의 일부가 어떻게 움직일지를 지배하는 '나'라고 부르는 것(정신 또는 의지)이 존재한다. 이것은 환상이며, 사물에 대한 포기하기 어려운 견해이다. 그러나 우리의 원리들은 우리에게 다르게 생각하라고 말한다.

성질: 물질이란 무엇인가?

> 관습에 따라 단 것은 달고, 쓴 것은 쓰고,
> 뜨거운 것은 뜨겁고, 차가운 것은 차갑다.
> 진실로 있는 것은 원자와 허공뿐이다.
>
> — 데모크리토스, 《단편》(기원전 400년경)

데모크리토스의 이 단편은 원자론의 토대가 되는 문헌으로 여겨진다. 이 단편의 뒷부분인 "진실로 있는 것은 원자와 허공뿐이다"라는 말은 본질적으로 파인먼의 "모든 것이 원자로 이루어져 있다"와 같다.

데모크리토스의 선언은 심오하게 도전적이다. 이것은 우리가 물리적 세계에 가장 직접적으로 접근하게 해주는 경험인 맛, 따뜻함, 색의 객관적 실재를 부정한다. 그가 의도한 것은 의심할 바 없이 우리가 기본 단위로 물리적 세계를 이해한다는 것이다. 기본 단위란 그에게는 원자이고 우리에게는 기본 입자이며, 이것들은 그 자체로 달거나 쓰거나 뜨겁거나 차갑거나 색을 띠거나 하지 않는다. 그는 모든 것이 기본 입자들의 작용이며, 지각은 심하게 가공된 포장이자 단지 그 내부에서 벌어지는 일들을 요약한 결과라고 제안한다. 그러나 기본 입자들이 갖지 않은 성질, 적어도 갖지 않을 것 같은 성질들을 지적함으로써, 데모크리토스는 거대하고 아름다운 질문을 던진다. 기본 입자들은 어떤 성질을 가지는가?

이 질문에 대한 데모크리토스 자신의 대답은 다음과 같아 보인다. 기본 입자는 형태와 운동을 가지지만, 다른 성질을 가지지 않는다. 데모크리토스의 기본 입자는 단단한 물체이며, 갈고리를 갖고 있다. 이 갈고리들 때문에 기본 입자들이 서로 달라붙어서 고체가 되거나 일반적인 여러 종류의 물질을 이룬다. 데모크리토스는 기본 입자들이 스스로 움직일 수 있고 좋아하는 위치도 있다고 생각했다. 데모크리토스에 따르면, 원자가 쉼 없이 움직이는 성향과 자기 자리를 찾아가려는 욕망이 일으키는 갈등에 의해 세계는 생동하는 공간으로 유지된다. (단편들과 고대의 주석들이 별로 남아 있지 않아서 그가 어떤 생각을 했는지 정확히 알 수가 없다. 그러나 나는 이것이 핵심이라고 본다.)

현대 과학은 세부적으로는 완전히 다르지만, 과감하다는 면에서는 결코 데모크리토스에 뒤지지 않는다. 과학은 단순하다는 면에서 더 급진적이다. 가장 중요한 점은, 과학은 산더미 같은 실험적 증거에 의해 지지된다는 사실이다. 현재 우리의 최상의 이해에 따르면 물질의 주된 성질은 다음의 세 가지이다.

질량

전하

스핀

이것이 모든 것이며, 여기에서 다른 모든 성질들이 따라
나온다.

철학적으로 중요한 점은 주요 성질이 몇 가지뿐이라는
것과, 그 성질들을 정확하게 정의하고 측정할 수 있다는
것이다. 또한 데모크리토스가 예상했듯이 주요 성질들(실
재의 심오한 구조)과 사물의 일상적인 모습과의 관련성은
상당히 적다는 것이다. 달고, 쓰고, 뜨겁고, 차갑고, 색깔
을 띠는 것 등을 '관습'이라고 말하는 것은 지나치다고 생
각되지만, 이런 것들과 함께 더 일반적인 세계의 모든 일
상적인 경험들을 추적해보면 그 기원이 질량, 전하, 스핀
에 있다는 것은 옳다.

질량과 전하(전기적 전하와 색전하)에 대한 자세한 설명
은 부록에 나온다. 여기에서는 대부분의 사람들에게 가장
낯설게 느껴질 스핀을 조금 더 살펴보겠다.

자이로스코프를 가지고 놀아보았다면 당신은 기본 입

자의 스핀에 대해 이해할 단서를 가졌다고 할 수 있다. 스핀의 기본 아이디어는, 기본 입자가 마찰이 없고 이상적인, 결코 멈추지 않는 자이로스코프라는 것이다.

자이로스코프, 또는 자이로의 재미는 일상의 (자이로가 아닌) 경험과 다른 낯선 방식으로 움직인다는 것이다. 더 자세히 보면, 빠르게 회전하는 자이로는 회전축을 바꾸려는 시도에 저항한다. 큰 힘을 주지 않는 한, 축의 방향이 잘 바뀌지 않는다. 우리는 자이로가 방향 관성을 가진다고 말한다. 이 효과는 비행기와 우주선의 항로 결정에 도움을 준다. 비행기와 우주선에는 자이로를 탑재해서 스스로 방향을 잡는 데 사용한다.

자이로가 빠르게 회전하면 할수록 방향을 바꾸려는 시도에 더 크게 저항한다. 힘과 그 반응을 비교해서, 방향 관성을 측정하는 양을 정의할 수 있다. 이것을 각운동량이라고 부른다. 빠르게 회전하는 큰 자이로는 각운동량이 크고, 큰 힘을 주어도 쉽게 방향이 바뀌지 않는다.

반면에 기본 입자들은 정말로 매우 작은 자이로이다. 기본 입자가 가진 각운동량은 매우 작다. 각운동량이 점점 작아져서 기본 입자가 가진 것만큼 작아지면 양자물리학의 영역으로 들어간다. 양자역학은 연속적으로 변한다고 생각되던 양이 실제로는 띄엄띄엄하고 작은 단위인 양자quantum로 되어 있다는 것을 보여준다. 각운동량도 마찬가지이다. 양자역학에 따르면 물체가 가질 수 있는 이론적인 최소의 각운동량이 있다. 모든 가능한 각운동량은 최소 단위의 정수배이다.

전자, 쿼크와 같은 여러 종류의 기본 입자들은 정확하게 이론적인 최소의 각운동량을 가진다. 물리학자들은, 전자(그리고 다른 기본 입자들)는 스핀이 1/2인 입자라는 말로 이런 사실을 표현한다. (왜 물리학자들이 각운동량의 기본 단위를 스핀 1이라고 하지 않고 스핀 1/2이라고 하는지에 대해서는 흥미로운 수학적인 이유가 있지만, 그에 대한 설명은 이 책의 범위를 넘어선다.)

스핀에 대한 간략한 설명을 끝내기 전에, 나의 개인적인 경험을 이야기하고 싶다. 스핀은 내 인생을 바꿔놓았다. 나는 수학과 퍼즐을 좋아했고, 팽이를 갖고 놀기를 좋아했다. 대학교에서는 수학을 전공했다. 시카고 대학교의 마지막 학기에 캠퍼스는 학생 저항 운동으로 혼란스러웠다. 임시 강의가 개설되었고, 출석은 얼마간 자유로웠다. 유명한 물리학 교수 피터 프로인드는 수학적인 대칭을 물리학에 적용하는 고급 강의를 개설했다. 나는 따라갈 준비가 되어 있지 않았지만 이 기회를 놓치지 않았다.

프로인드 교수는 대칭의 아이디어에 쌓아올린 최고로

아름다운 수학을 이용해서, 관찰 가능한 물리적인 행동을 구체적으로 예측할 수 있다는 것을 우리에게 보여주었다. 그는 열정적으로 강의했고, 중요한 대목에서는 황홀경의 가장자리를 탐구하고 있다는 듯이 크게 뜬 눈이 번뜩였다. 그가 설명해준 각운동량의 양자론에 나는 깊은 인상을 받았고, 지금도 이것이 각운동량 이론 중에서 가장 인상적인 사례라고 생각한다. 스핀을 가진 입자가 다른 여러 스핀을 가진 입자로 붕괴할 때(이것은 양자 세계에서 아주 흔한 상황이다), 각운동량의 양자론은 붕괴의 생성물이 진행하는 방향과 회전축의 방향의 관계를 예측한다. 이러한 예측을 위해서는 많은 계산이 필요하고, 이렇게 예측되는 입자들의 거동은 전혀 명백하지 않다. 하지만 놀랍게도 이런 예측은 잘 들어맞는다.

두 가지 다른 우주, 즉 아름다운 개념들의 우주와 물리적 행동의 우주 사이의 깊은 조화를 경험하는 것은 나에게 일종의 영적인 깨어남이었다. 이것이 나의 직업이 되었고, 이제까지 나는 실망한 적이 없다.

성질의 철학

다시 한번 강조하겠다. 성질의 삼위일체(질량, 전하, 스핀)에서 가장 중요하고 주목할 만한 요점은 그 수가 단순히 아주 작다는 것이다. 모든 기본 입자에 대해, 위치와 속도와 함께 이 세 가지의 크기를 알면, 그 입자를 완전히 기술한 것이다.

이것은 일상생활의 대상들과 얼마나 다른가! 우리가 흔히 마주치는 대상들은 크기, 형태, 색깔, 냄새, 맛, 기타 등등으로 온갖 종류의 성질을 가진다. 그리고 우리가 사람에 대해 설명할 때는 성性, 나이, 성격, 마음의 상태 등등 여러 가지를 말하는 것이 도움이 된다. 물체 또는 사람이 가지는 모든 성질들은 독립적인 정보의 조각들을 얼마간 제공한다. 어떤 부분집합도 나머지를 결정하지 못한다. 데모크리토스가 생각했던 것처럼, 단순한 기본 성분과 그것들의 산물인 복잡한 사물들 사이에는 놀랍도록 뚜렷한 차이가 있다.

그러나 데모크리토스의 생각과 달리 현대적인 기본 성분은 갈고리를 갖고 있지 않다. 그것들은 단단한 물체조차 아니다. 사실 '기본 입자'라는 편리한 이름으로 부르기는 하지만, 그것들은 진정한 입자라고도 할 수 없다. (그것들은 '입자'라는 말이 가리키는 것과 공통점이 거의 없다.) 우리의 현대적인 근본 성분은 고유한 크기나 형태가 없다. 이것을 시각화하려고 하면, 구조가 없는 점에 질량, 전하, 스핀이 집중되어 있는 것을 떠올려야 한다. 우리는 '원자들과 허공'의 자리에 시공간과 성질들을 대신 채워넣은 것이다.

개별 입자들

모든 기본 입자들이 동등하게 창조되지는 않았다. 입자들은 우리가 이해하는 세계에서 각각의 역할이 있다. 어떤 것들은 일상생활을 주도하고, 다른 어떤 것들은 천문학과 천체물리학에서 주로 나타난다. 물질의 거대한 체계에서 역할이 무엇인지 잘 알 수 없는 것들도 있다.

다시 말해 구성의 입자, 변화의 입자, 보너스 입자가 있다. 전문적인 물리학자에게 이 입자들은 모두 매혹적이지만, 우리가 경험하는 세계를 이해하기 위해서는 구성의 입자가 가장 중요하다. 나는 이 입자에 집중하겠다. 다른 것들에 대한 논의는 부록에 나온다.

구성의 입자

'보통의 물질ordinary matter'을 거칠게 설명하면, 우리를 구성하고 있고 생물학, 화학, 지질학, 공학에서 흔히 만나는 물질이다. 보통의 물질을 상당히 다른 방식으로 더 정확하게 정의할 수 있다는 것은 현대 과학의 주요 업적이다. 이것은 전자, 광자, '업'과 '다운' 쿼크, 글루온으로 만들 수 있는 물질을 말한다. 이 다섯 가지 기본 입자로 일상생활에서 만나는 물질들을 구성할 수 있다. 이 입자들은 각각 명료한 몇 가지 성질들로 정확하게 정의된다. 여기에 나오는 표는 이 입자들과 그들의 성질을 보여준다. (별표가 달린 것은 나중에 설명한다.)

	질량	전하	색전하	스핀
전자	1	-1	없음	½
광자	0	0	없음	1
업쿼크	10*	⅔	있음	½
다운쿼크	20*	-⅓	있음	½
글루온	0	0	있음	1

먼저 20세기 초에 나온, 원자에 관한 '고전적인' 설명을 잠시 살펴본 다음에 이것을 더 정확하게 다듬어보자. 이 설명에서 원자는 중심에 있는 작은 핵과 주변의 전자 구름으로 이루어진다. 전자는 전기적인 인력으로 핵에 묶여 있다. 핵은 원자의 거의 모든 질량을 차지하고, 양전하 전체를 가진다.

핵은 다시 양성자와 중성자로 구성된다. 양성자와 중성자는 모두 전자보다 2천 배쯤 무겁다. 양성자는 양전하를 띠고, 양성자 하나가 가진 양전하는 전자 하나의 음전하와 균형을 이룬다. 중성자는 전하를 띠지 않는다. 따라서 핵 주위의 전자 수가 핵 속의 양성자 수와 같을 때 원자는 전체적으로 0의 전하를 가져서, 전기적으로 중성이다.

전자는 기본 입자들 중에서 가장 먼저 발견되었고, 여러 면에서 가장 중요한 기본 입자이다. 전자는 1897년에 J. J. 톰슨에 의해 최초로 분명하게 확인되었다. 그는 대부분의 공기를 제거한 '진공'관 속에서 일어나는 전기 방전을 연구했는데, 이것은 본질적으로 인공 번개라고 할 수 있다. 관 속은 완전히 텅 비어 있지 않다. 완전히 비어 있다면 전자가 없어서 아무런 일도 일어나지 않을 것이다. 그러나 충분히 비어 있어서 그 속에서 입자가 걸리적거리지 않고 날아갈 여유가 있다. (오늘날 우리가 이해하기로는, 공기를 제거한 관의 양쪽에 매우 강한 전기장을 걸면, 다시 말해 높은 전압을 걸면 원자들이 '이온화'되어 전자들이 떨어져나가며, 전하를 띤 입자들이 전압에 반응해서 이동하며 스파크를 일으킨다.) 전기장과 자기장을 걸어준 다음에 방전되는 여러 부분들이 얼마나 많이 휘는지 관찰해서, 톰슨은 특별히 의미 있는 성분을 발견했다. 이 특별한 성분이 모든 방전에서 나타났다. 다시 말해 관에 어떤 기체를 채워도 이 특별한 성분이 나타났다. 또한 이 성분이 자기장에 반응해서 휘는 방식이 특별히 단순했다. 사실, 자기장에 잘 반응하는 '번개'가 가는 경로는 특정한 전하와 질량 값을 갖는 대전帶電된 무거운 점의 운동을 전기와 자기의 법칙으로 계산했을 때의 경로와 일치했다. 톰슨은 가장 자연스러운 설명을 궁리했고, 이 특별한 방전이 그만큼의 질량과 그만큼의 전하를 가지는 입자로 이루어져 있다고 제안했다. 이렇게 해서 전자가 탄생했다. 어떤 기체로 시작해도 모든 방전에서 전자의 흐름이 관찰되었고, 이것들이 물질의 보편적인 빌딩 블록임을 암시했다.

톰슨의 선구적인 연구는 후속 연구에 많은 영감을 주었다. 오래 지나지 않아서, 물질의 본성에 대한 이러한 깊은 탐구에서 한 가지 기술, 바로 오늘날 모든 곳에서 존재하는 전자공학electronics이 탄생했다. 전자공학의 중요성에 대해서는 굳이 설명할 필요가 없을 것이다.

전자의 거동에 대해서 여러 측면에서 다양한 실험이 수행되었다. 예를 들어, 앞에서 말했듯이 전자의 스핀 때문에 생기는 미세한 자기장을 측정했다. 전자가 질량, 전하, 스핀 외에 다른 어떤 속성도 가지지 않는다는 가설을 바탕으로 이 값을 계산할 수 있다. 매우 높은 정밀도로 예측되는 값을 계산할 수 있고, 자기장을 매우 높은 정확도로 측정할 수 있다. 자기장의 계산과 측정을 둘 다 10억분의 1 수준의 정밀도로 수행할 수 있으며, 다행히도 이것들이 일치한다.

이상적으로 단순한 전자 모형에서 나온 예측이 실험적 관찰과 정확하게 일치한다는 것이 바로 전자가 기본 입자라는 말의 조작적인 의미이다. 전자가 원자처럼 내부 구조를 가진다면 전자는 이렇게 단순하게 행동하지 못한다. 예를 들어 전자의 전하가 한 점에 모여 있는 게 아니라 작은 공 속에 골고루 퍼져 있다면, 전자의 자기장에 대한 예측값이 다르게 나올 것이고, 이것은 사람들이 측정한 값과 더 이상 일치하지 않게 된다. (물론 공이 충분히 작다면 이 차이를 구별할 수 없게 될 것이다. 그러나 자연이 우리에게 굳이 이런 복잡한 상황을 도입하지 않아도 된다고 알려주었다고 말할 수 있다.)

앞으로 논의하려는 각각의 기본 입자들 모두 비슷한 방식으로 기본 입자라고 주장할 수 있을 것이다. 그것들은 달리 입증될 때까지는 '기본' 입자의 지위를 유지할 텐데, 이 모든 입자들이 현재까지는 엄격한 가정(몇 가지 성질만 갖고 있으며 다른 성질은 없다) 아래에서 뛰어나게 성공적인 결과를 얻고 있기 때문이다.

기본 입자와 그 성질을 보여주는 표에서, 전자의 질량이 다른 기본 입자들의 질량에 대한 척도 역할을 한다. 그러므로 정의상 전자의 질량은 1이다. 또한 관례상 전자의 전하를 표준 전하로 사용한다. 그러나 여기에는 약간 복잡한 점이 있는데, 이것은 나의 위대한 영웅 벤저민 프랭클린 탓이다. 그는 정치가와 외교관으로 유명해지기 전에 초기의 전기 과학에서 선구적인 업적을 남겼다. 그는 전하 보존 법칙을 발견했고, 또한 전하에는 양성과 음성이 있다는 것을 증명했다.

그가 최초였기 때문에, 둘 중의 어느 쪽을 양성으로 부를지를 그가 정하게 되었다. 그는 유리를 비단에 문질렀을 때 유리에 쌓이는 전하를 양성으로 정했다. 이것은 사람들이 전자에 대해 알기 오래 전의 일이었다. 불행하게도, 프랭클린의 선택에 따르면 전자가 음성이 된다는 점이 나중에 알려졌다. 그러나 이미 수천 권의 책, 논문, 회로도에 이 표기법이 사용된 뒤였기에 돌이킬 수 없었다. 이런 이유로 우리는 전자의 전하를 −1로 표시한다.

광자가 그다음으로 발견될 기본 입자였다. 빛의 존재는 인간의 역사가 시작되기 오래 전에 동물 세계에서부터 알려진 '발견'이었다. 반면에 빛이 띄엄띄엄한 단위로 되어 있다는 발견은 이론적인 제안으로 시작되었다. 광자는 빛의 기본 단위이다.

아인슈타인이 1905년, 바로 특수상대성, 원자의 존재(브라운 운동), $E = mc^2$을 발표한 '기적의 해'에 처음으로 이것을 제안했다. 그는 이것을 광양자 가설이라고 불렀다. ('광자photon'라는 단어는 훗날인 1925년에 유명한 화학자 길버트 루이스가 도입했다.) 이것은 혁명적인 제안이었지만, 처음에는 환영받지 못했다. 8년 뒤인 1913년에 프로이센 과학 아카데미의 영광스러운 회원으로 아인슈타인을 추천하는 절차의 마지막에, 막스 플랑크는 그의 '당혹스러운 어리석음'을 변호한다고 이렇게 썼다. "때때로, 아인슈타인이 광양자 가설과 같은 사례에서 그러하듯 지나친 추측을 한다고 해도 그를 반대할 수는 없다."

아이러니하게도 아인슈타인의 제안은 플랑크의 연구에 바탕을 둔 것이었다. 플랑크는 가열된 물체에서 방출되는 빛(이것을 흑체복사라고 한다)을 측정하는 실험을 바탕으로, 빛이 덩어리로 방출되고 흡수된다고 주장했다. 아인슈타인은 이것을 빛이 덩어리로 존재하는 증거라고 해석했다. 그는 이 가설에 더 자세한 해석을 덧붙여서 실험으로 검증 가능한 여러 가지 예측을 했다. 제안된 실험은 1905년 당시의 기술로는 실행하기 아주 어려운 과제였다. 플랑크가 위와 같은 편지를 쓴 지 1년 뒤인 1914년에 가서야 아인슈타인의 제안을 확인하는 진정으로 결정적인 실험이 로버트 밀리컨에 의해 수행되었다.

아인슈타인은 분명히 노벨상을 여러 번 받을 만했지만, 1921년에 그가 받은 유일한 노벨상의 수상 이유는 광양자 연구였다. 아인슈타인도 이 업적을 자기가 해낸 가장 혁명적인 연구로 여겼다.

20세기 초의 기술 수준으로 가능했던 것보다 더 높은 에너지에서 물질의 행동을 연구하면, 개별적인 광자가 상당한 에너지와 운동량을 가지는 것을 보게 된다. 이렇게 되면 광자가 입자라는 생각이 훨씬 더 그럴듯해진다. 고에너지 광자는 감마선으로 알려져 있다. 가이거 계수기를 사용하면 감마선이 도착할 때 내는 딸깍딸깍 소리를 들을 수 있다.

우리는 광자를 전자와 원자핵과 함께 원자의 성분으로 봐야 한다. 사실, 광자는 '글루온'의 원조이다. 전기장의 모습으로 나타나서 전자를 핵과 묶어서 원자에 붙여놓는 일을 하는 것이 바로 광자이다.

양성자와 중성자는 기본 입자가 아니다. 이 입자들은 기본 입자라고 하기에는 너무 복잡하게 행동한다. 오늘날 우리가 사용하는 양성자와 중성자의 모형은 설명하기 쉽지만, 이것을 발견하고 증명하는 일은 결코 쉽지 않았다.

그 이론은 크게 보아 원자의 이론과 비슷한 길을 따라간다. 전자와 비슷한 두 가지 입자가 있다. 그것을 업쿼크와 다운쿼크라고 부르며, 이 입자들이 광자와 비슷한 입자인 글루온에 의해 하나로 뭉쳐진다.

기본 아이디어는 비슷하지만, 원자가 (전자, 광자, 핵에서부터) 하나로 뭉치는 방식과 양성자가 (쿼크와 글루온으로부터) 하나로 뭉치는 방식에는 눈에 띄는 차이가 있다.

- 강한 핵력은 색전하color charge에 의해 일어나며, 전하가 일으키는 전자기력보다 훨씬 강하다. 이것이 바로 강한 핵력으로 단단히 뭉쳐 있는 원자핵이 원자보다 훨씬 작은 이유이다.

- 전자는 언제나 서로 반발하지만 쿼크는 색전하가 세 가지이므로 힘이 훨씬 복잡하게 작용하며, 끌어당기는 힘이 되기도 한다. 이런 이유로 전자와 달리 쿼크는 다른 물질로 이루어진 '핵'이 없는데도 서로 뭉칠 수 있다.

- 광자는 전기적으로 중성(다시 말해 광자의 전하는 0이다)이지만, 강한 핵력에서 광자에 해당하는 색글루온은 색전하에 대해 중성이 아니다. 글루온은 쿼크만큼이나(사실은 그보다 더) 강한 핵력에 민감하다.

이것은 양성자와 중성자가 원자보다 더 균일한 또다른 이유이다. 힘의 운반자가 스스로 힘의 영향을 받는 것이다.

쿼크와 글루온에 대한 설명을 마치기 전에, 이 입자들의 질량에 대해 논의할 필요가 있다.* 글루온의 경우는 단순하다. 광자와 마찬가지로 글루온은 질량이 없다. 쿼크에 대해서 지적해야 할 가장 중요한 점은, 질량이 전자보다 크기는 하지만, 양성자와 중성자에 비해서는 아주 작다는 것이다.

양성자의 질량이 그것을 이루는 성분들을 모두 합친 질량보다 훨씬 크다는 것은 역설적이라고 할 수 있다. 사실상 이것은 자연에 대한 인간의 이해에서 최고의 업적, 즉 질량이 에너지에서 나온다는 점을 가리킨다. 여기에 대해서는 다음 장에서 자세히 살펴보겠다.

업쿼크와 다운쿼크의 질량을 정확하게 측정하기는 어렵다. 쿼크의 질량에 의한 효과를 다른 큰 효과들과 구별

---

* 쿼크에도 전하가 있는데, 두 쿼크의 전하량이 다르다. 업쿼크는 전하량이 2/3이며, 다운쿼크는 -1/3이다. 양성자는 업쿼크 둘과 다운쿼크 하나가 합쳐진 것으로, 전하는 2/3 + 2/3 - 1/3 = 1이다. 중성자는 업쿼크 하나와 다운쿼크 둘이 합쳐진 것으로, 전하는 2/3 - 1/3 - 1/3 = 0이다.

하기 어렵기 때문이다. 앞의 표에서 최선의 추정값을 쓰고 별표를 한 이유가 바로 이것이다.

구성의 입자 목록에 중력자graviton도 포함시켜야 한다. 중력자는 중력장을 만드는 입자이다. 광자가 원자들과 분자들을 묶고, 글루온은 쿼크와 양성자, 원자핵을 묶는다면, 중력자는 행성, 항성, 은하를 비롯해서 일반적으로 거대한 것들을 하나로 묶는 역할을 한다.

	질량	전하	색전하	스핀
중력자	0	0	없음	2

중력자는 결코 개별 입자로 관찰된 적이 없다. 중력자는 보통의 물질과 너무나 약하게 상호작용하므로 관찰하는 것이 현실적으로 거의 불가능하기 때문이다. 관찰되는 것은 중력의 힘이고, 최근에는 중력파도 관찰되었다. 이론적으로 이러한 관찰 가능한 효과는 많은 개별 입자들의 누적적인 작용으로 일어난다.

내가 나열한 중력자의 성질 각각은 중력자가 일으키는 힘, 즉 중력의 관찰된 측면들과 명확하게 연결된다. 중력자는 전하가 없고 색전하도 없으므로, 개별적으로는 보통의 물질과 아주 약하게만 상호작용할 뿐이다. 하지만 중력자는 질량이 없어서 비용을 들이지 않고 많은 수가 만들어질 수 있어서, 이것들이 중력장과 중력파를 일으킨다.

중력자의 비교적 큰 스핀은 중력 상호작용이 다른 기본 입자들보다 더 복잡하다는 것을 시사한다. 사실, 아인슈타인의 중력 이론인 일반상대성 이론이 중력자의 스핀에서 나오는 성질을 직접 따른다는 점을 보이기는 어렵지 않다. 그렇게 할 수 있다는 사실이 물질의 세 가지 주요 속성(질량, 전하, 스핀)이 지닌 힘, 즉 물질의 행동을 완전히 설명하는 힘을 잘 보여준다. 아인슈타인 자신은 믿을 수 없을 정도로 빼어난 방법으로, 그러나 훨씬 덜 직접적인 경로로 일반상대성에 도달했다.

이것으로 구성의 입자에 대한 여행을 마친다. 이런 아이디어들을 처음 만나는 독자라면 이 개념들이 낯설고 그것들이 구현되는 방식이 조금 어지러워 보일 수 있다. 그러나 근본적인 메시지는 명확하다. 물리적 세계는 매우 적은 종류의 성분으로 이루어져 있다. 게다가 이 성분들은 몇 안 되는 성질만을 가진다는 의미에서 이상적으로 단순하다.

성분들의 미래

기본 입자들의 목록은 영어 알파벳 목록보다 확실히 짧고, 멘델레예프의 화학 원소 주기율표보다 훨씬 더 짧다. 이 성분 목록에 힘을 기술하는 법칙들(정확히 네 가지가 있다)을 보태면 물질에 대한 강력하고도 대단히 성공적인 설명이 된다. 이 모든 것을 다음 장에서 살펴볼 것이며, 어렴풋하기는 하지만 더 간략하게 설명하는 방법을 얻을 수 있을지에 대해서도 조금 살펴볼 것이다.

그러나 이런 것을 살펴보기 전에, 이번에는 좀 더 실용적인 관점에서 세계를 만드는 성분의 미래에 대해 생각해보고 싶다. 새롭고 유용한 '기본 입자'를 만드는 두 가지 유망한 전략에 대해 알아볼 것인데, 두 전략 모두 자연에서 영감을 얻은 것이다. 하나는 물리학에서 나왔고, 바깥에서 안쪽으로 작동한다. 또 하나는 생물학에서 나왔고, 안에서 바깥쪽으로 작동한다.

설계 입자(첫 번째 종류): 멋진 신세계

물질에 대해 생각할 때, 세계 전체에 대해 생각할 때의 방식을 그대로 적용할 수 있다. 물질에 에너지 조각 또는 전하나 스핀의 조각을 집어넣으면, 그 결과로 생겨나는 교란은 일반적으로 몇몇 덩어리 또는 양자로 뭉쳐서 돌아다닌다. 이러한 '전혀 그럴듯하지 않은' 덩어리를 준입자quasiparticle라고 부르며, 이것은 텅 빈 공간에서 만나는 기본 입자와 상당히 다른 성질을 가질 수 있다.

구명hole은 단순하지만 매우 중요한 준입자이다. 전형적인 고체 속에는 전자가 많이 들어 있다. 고체가 교란되지 않은 상황, 즉 평형일 때, 전자들은 스스로 확정적인 패턴으로 자리를 잡는다. 이제 그중 하나를 떼어내면, 전자가 '있어야 할' 자리에 빈 곳이 생긴다. 매우 짧은 시간이 지나서 상황이 안정된 다음에 생기는 이 빈 곳이 준입자이다. 이것은 있어야 할 전자가 없어서 생겨나기 때문에, +1의 전하를 가진다(전자의 전하가 -1이니까). 전자가 빠져나가서 생기는 준입자를 구명이라고 부른다.

구명은 양전하를 띠는 (준)입자로, 빈 공간의 기본 입자들 중에서 구명과 가장 비슷한 양성자보다 훨씬 가볍다. 구명은 트랜지스터에서, 그리고 더 일반적으로는 현대 전자공학에서 활약하는 스타 플레이어이다. 구명을 만들고 사용하는 방법에 대한 이해가 세계를 바꿔놓았다.

준입자가 빈 공간의 기본 입자에서 식섭 나오는 경우도 있다. 하지만 물질 속에서 기본 입자에 의해 생겨나는 준입자는 빈 공간에 있을 때와 완전히 다른 성질을 가진다. 아름다운 예가 초전도체에서 나타난다. 질량이 0인 광자가 초전도체 속으로 들어가면, 아주 작지만 0이 아닌 질량을 얻는다. (값은 초전도체에 따라 다르며, 전자 질량의 100만분의 1 정도가 전형적인 값이다.) 사실, 정교한 연구를 하는 물리학자들에겐 광자가 질량을 가진다는 것이 바로 초전도의 핵심이다.

내가 처음 물리학자로 일을 시작했을 때는 전통적인 의미의 기본 입자를 집중적으로 연구했다. 그러나 그보다 오래 전에 학생 시절에 견학 갔던 벨 연구소에서 어떤 과학자의 강연을 들은 적이 있었다. 그는 자기가 하는 연구를 우리에게 설명하면서, 포논phonon이 진동의 양자라고 말했다. 나는 그의 말을 이해하지 못했지만, 그때까지 들어본 것 중에서 가장 멋진 말이라고 생각했다. 포논과 진동과 양자라는 이상한 세 가지 개념들이 서로 공명하고, 어떤 의미에서 하나로 뭉쳐져 있는 것이었다. 나는 집으로 돌아오면서 곰곰이 생각해보았는데, 그의 메시지는 물질이 그 자체로 하나의 세계이고, 이 세계는 우리의 세계와 다르며, 그 자신의 입자들을 가진다는 뜻이라고 이해하게 되었다. 나는 이 아이디어를 좋아했다.

새로운 종류의 기본 입자를 발명하는 것은 느린 작업이다. 이제까지 이야기한 모든 기본 입자들과 부록에 있는 것들은 1970년대에 이미 알려졌거나 확실히 예측된 것들이다. 반면에 준입자의 세계는 엄청난 상상과 창조가 가능한 영역이다. 되돌아볼 때, 그 견학은 새로운 지평을 흘긋 본 일이었다.

15년 뒤에 나는 마침내 그 지평에 닿았다. 여기에서는 흥미로운 것 한 가지만 언급하겠다. **애니온**anyon은 단순한 종류의 메모리를 가진 준입자이다. 내가 1982년에 이것을 도입했고, 이름도 붙여주었다. 처음에 이것은 순전히 지적인 연습이었다. 나는 이 준입자가 부가적 성질로 작은 메모리를 가진다는 것을 보이려고 했다. (나중에 나는 노르웨이의 두 물리학자 욘 망네 레이노스와 얀 뮈르헤임이 더 일찍 이와 관련된 아이디어를 논했다는 것을 알았다.) 그때 나는 어떤 특별한 물질도 마음에 두고 있지 않았다.

그러나 몇 달 뒤에, 나는 분수 양자 홀 효과fractional quantum Hall effect, FQHE가 발견되었다는 것을 알았다.[*] FQHE 물질에서는 주입된 전자가 여러 개의 준입자로 쪼개지며, 각각이 전하의 일부를 가진다. 나는 이 준입자들이 서로 독특한 힘을 행사한다는 것을 알아냈고, 이것

---

[*] 로버트 로플린, 호르스트 슈퇴르머, 대니얼 추이가 이 발견으로 1998년 노벨상을 공동 수상했다.

이 애니온일 수도 있다고 생각하게 되었다. 1984년에 나는 대니얼 아로바스와 로버트 슈리퍼와 공동 연구를 통해서 이것을 증명해냈다.

그때 이후로 나는 애니온으로 많은 재미난 연구를 했고, 다른 물리학자 수백 명이 이 파티에 동참했다. 사람들은 애니온을 양자컴퓨터의 기본 요소로 사용하려고 한다. 이 입자의 메모리를 사용해서 정보를 저장하고 조작할 수 있기 때문이다. 마이크로소프트가 이 목표를 위해 대규모 투자를 했다.

물리학자들과 창조적인 엔지니어들이 흥미롭고 잠재적으로 유용한 새로운 종류의 준입자 여러 가지를 제안했다. 이것들은 스피논spinon, 플라스몬plasmon, 폴라리톤polariton, 플럭손fluxon, 그리고 내가 좋아하는 엑시톤exiton과 같은 사랑스러운 이름을 갖고 있다. 복사 에너지를 잘 흡수하는 준입자도 있고, 에너지를 운반하는 준입자도 있다. 이 두 능력을 결합해서 효율적인 태양 에너지 시스템을 설계할 수 있다.

준입자를 활용하는 멋진 신물질의 세계는 물질의 미래에서 중요한 부분이 될 것이다. 메타물질이라는 피어나는 분야에서는 새로운 물질을 체계적으로 설계한다.

물질을 준입자의 집으로 생각한다면, 심오한 질문이 곧

바로 다가온다. '빈 공간' 자체가 물질이고, 그 준입자가 우리의 '기본 입자'가 아닐까? 그렇게 볼 수 있고, 그렇게 보아야 한다. 이것은 매우 생산적인 사고의 방향이며, 뒤에서 더 자세히 살펴보겠다.

설계 입자(두 번째 종류): 스마트 물질

생물학은 물질의 미래에 또 다른 방향을 제시한다. 세포는 고등한 생명 형태의 '기본 입자'이다. 세포는 여러 가지 형태와 크기를 갖지만, 정보 저장소와 화학 공장으로서의 기능을 가능하게 하는 수많은 요령들을 공유한다. 또한 세포는 외부 세계에 대해 정교한 접속면을 갖추고 있어서, 자원을 모으고 정보를 교환할 수 있다. 생물학적 세포는 단순한 물리적 대상과는 너무나 멀다. 무에서 세포의 핵심 기능을 갖춘 인공 단위를 구축하는 것은 너무나 벅찬 도전이다. 이것을 할 수 있다면 병들었거나 노화된 세포를 대신하거나, 독성 폐기물을 무해하거나 유용한 물질로 바꾸는 세포 형태의 단위를 만들 수 있게 될 것이다. 더 실용적인 단기 전략은 지금도 많은 분자생물학자들이 성공적으로 사용하고 있는 것으로, 기존의 세포 유형을 손질하는 것이다.

반면에 생물학이 아닌 분야에서 생물학의 영감을 활용

하는 것도 가능하다. 자동차는 힘을 키운 말이 아니고, 비행기도 힘을 키운 새가 아니며, 유용한 로봇은 사람을 닮을 필요가 없다. 생물학적 세포의 가장 큰 특징은 자기 재생산을 조절하는 능력이며, 현재의 인간공학에는 없는 기술이다. 적절하고 합당하게 호의적인 환경에서 세포는 성분들을 모아서 자기 복제를 하는데, 완전히 똑같지는 않지만 자기와 비슷한 새로운 세포를 만든다. 그 차이는 무작위가 아니고, 세포 자체의 프로그램에 따른다.

자기 재생산은 지수함수적 성장을 가능하게 한다. 세포 하나로 시작해서 한 세대에 두 배로 증가하면서 열 세대가 지나면 천 개가 넘는 세포가 생겨나며, 40세대쯤 지나면 1조 개가 넘는 세포가 생겨난다. 이것은 인체를 만들기에 충분하다. 프로그래밍에 의해 조금씩 다르게 만들면 여러 가지 기능에 특화된 세포를 만들 수 있다. 근육 세포, 혈구 세포, 뉴런 등이 그 예이다.

생물학적 유기체보다 덜 복잡하고 덜 섬세한 정도의 목적이라면, 제어된 자기 재생산을 수행하는 인위적 단위를 사용할 수 있게 될 것이다. 행성의 테라포밍이나 산처럼 큰 컴퓨터를 만드는 것과 같은 거대한 계획은 섬세하지 않아도 좋고 반복적인 구조로 충분하므로 이런 종류에 적합하다. 조절된 자기 재생산은 매우 강력한 개념이

어서, 미래의 엔지니어링에서 멋지게 실현될 것이라고 나는 확신한다.

4

법칙은 아주 적다

근본적인* 물리법칙들이 작동하는 방식은 인간 세상에서 펼쳐지는 사람의 법칙과 크게 다르다. 사람의 법칙은 가짓수가 많고, 지역에 따라 달라지고, 시대에 따라서도 달라진다. 사람의 법칙은 행동에 서로 다른 선택지가 있다고 미리 가정하며, 여기에 대한 대처 방안을 제시한다. 사람의 법칙은 애매하지 않은 결론에 도달하는 긴 추론의 사슬을 지원하지 않으며, 전문가들은 자주 그 법칙의 의미를 서로 다르게 본다.

근본적인 물리법칙은 이 모든 것에서 사람의 법칙과

• 여기에서 내가 말하는 '근본' 법칙은 원리적으로도 다른 법칙에서 유도할 수 없다는 뜻이다. 하지만 이런 의미에서 '근본적'이지 않으면서도 자연의 이해에 심오하게 중요하고 핵심적인 법칙도 있다. 열역학 제2법칙이 좋은 예이다.

다르다. 근본적인 물리법칙은 가짓수가 아주 적고, 언제 어디에서나 똑같다. 물리법칙은 단순히 무슨 일이 일어날지 기술한다. 물리법칙은 정밀하게 정의된 양을 사용해서 수학 방정식으로 표현되므로, 같은 분야의 전문가들 사이에 애매함이나 불일치의 여지가 없다. 결론을 얻으려면 단순히 계산만 하면 된다. 계산하기 위해 컴퓨터 프로그램을 만들 수 있다.

우리는 어린 시절에 세계가 어떻게 돌아가는지를 개념화하며, 대개는 어른이 되어도 그 관점을 그대로 유지한다. 이러한 개념화는 이상적인 물리법칙보다는 사람의 법칙 모형에 훨씬 더 가깝다. 우리는 여러 대안의 경중을 따지고 그중에서 선택하는 직접적인 경험을 한다. 우리의 정신적 선택은 물리 세계에 차이를 만드는 것으로 보인다. 구체적으로, 우리의 정신적 선택은 우리의 몸이 어떻게 움직일지 통제하는 것으로 보인다. 우리는 주먹구구의 법칙을 바탕으로 사람들이 어떻게 행동할지에 대한 기대를 형성하고, 논리와 계산의 사슬에 의존하는 일은 거의 없다. 걷거나 자전거를 타거나 날아오는 공을 받을 때 뉴턴의 운동 법칙이나 물질의 양자 이론을 이용하는 사람은 아무도 없다.

근본적인 이해에 도달하기 위해 우리는 이러한 경험들

과 아이들이 사용하는 방법에 대해 다시 생각해야 한다. 그런 다음에야 우리는 사람의 법칙을 졸업하고 물리법칙으로 넘어갈 수 있다.

국소성의 승리와 장場의 영광

1687년에 출판된 뉴턴의 《프린키피아》는 물리적 세계를 이해하는 강력한 개념 체계를 구축했고, 이 개념 체계는 19세기가 한참 지날 때까지도 맹위를 떨쳤다. 이 체계 속에서 법칙은 물체들이 서로에게 어떻게 힘을 가하는지 나타낸다. 성공적인 법칙의 모범은 뉴턴의 중력 법칙이었다. 이 법칙에 따르면, 물체들은 질량의 곱에 비례하고 거리의 제곱에 따라 감소하는 힘으로 서로를 끌어당긴다.

사람들이 다른 종류의 힘(더 구체적으로 전기와 자기의 힘)을 갖고 씨름할 때도 똑같은 체계를 사용하려고 시도했다. 처음부터 좋은 결과가 나왔다. 예를 들어 쿨롱의 법칙은 뉴턴의 중력 법칙을 그대로 흉내 냈고, 질량의 자리에 전하가 대신 들어갔다.

그러나 자기력에 대해서는 깔끔하게 되지 않았다. 자기력은 위치뿐만 아니라 속도에 따라서도 복잡하게 변하는 것으로 알려졌다. 그러다가 사람들이 전기와 자기가 동시에 작용하는 상황에 대해 연구하게 되자 복잡성이 더 커졌다.

어려운 환경을 극복하고 독학으로 천재적인 실험가가 된 마이클 패러데이(1791-1867)는 이 복잡한 힘의 법칙에 적용되는 수학을 따라잡을 수 없었다. 그러나 그는 전기적으로 또는 자기적으로 활성적인 물체는 공간에 모종의 기운을 펼친다고 생각했는데, 다른 물체가 이 기운을 받지 않아도 여전히 기운이 펼쳐져 있다고 생각했다. 오늘날 우리는 이것을 전기장과 자기장이 공간에 펼쳐진다고 말한다. 패러데이는 더 생생한 언어를 써서, 이것을 '힘의 선(역선)line of force, 力線'이라고 불렀다. 패러데이의 사도이자 전도자가 된 빛나는 재능의 이론가 제임스 클러크 맥스웰(1831-1879)은 이렇게 말했다. "수학자에게는 힘의 중심들이 먼 거리에서 끌어당기는 것만 보였지만, 패러데이는 마음의 눈으로 모든 공간을 지나가는 힘의 선을 보았다. 패러데이는 거리 외에 아무것도 없는 곳에서 매질媒質을 보았다. 패러데이는 실제의 작용이 일어나는 매질이야말로 현상의 자리라고 생각했다."

패러데이는 자신이 떠올린 비정통적인 아이디어를 따라갔고, 장場이 아니면 설명하기 어려운 주목할 만한 효과를 금방 찾아냈다. 이것이 패러데이의 유도 법칙이며, 이 법칙에 따르면 자기장이 시간에 따라 변할 때 순환하는 전기장이 만들어진다. 그는 이 발견으로 장에는 그 자체의 생명이 있다는 것을 밝혔다.

유원지에서 물놀이할 때의 경험을 떠올려보면 패러데이의 아이디어를 이해하기 쉽다. 패러데이의 아이디어는 공간을 채우는 매질에 의해 멀리 있는 물체들 사이에서 힘이 전달되는 방식을 설명한다. 보트 또는 제트스키가 호수에서 지나가며 교란을 일으키면, 이 교란의 영향이 점차 호수 전체로 퍼져 나가며 한 위치에서 움직이는 물이 근처의 물을 밀어내는데, 인접한 물만을 민다. 이렇게 해서 결국 교란이 시작된 곳에서 아주 멀리 있어도, 호수에서 수영하는 사람은 물결이 도착할 때 그 힘을 느낀다. 나는 이 성가신 경험을 여러 번 했다. 아무 예고 없이 닥친다면 더 싫겠지만, 대개는 물결이 오는 것을 미리 볼 수 있다. 국소성은 축복이다. 이것은 완전히 깜짝 놀라게 되지는 않는다는 뜻이다.

국소성에 대한 패러데이의 더 완전한 전망은 물리학에서 혁명을 일으켰다. 전자기장은 공간을 채우며, 그 자체로 생명이 있으므로, 전자기장도 세계의 성분으로 포함시켜야 한다. 공간 속의 입자들을 기반으로 하는 뉴턴 체계는 데모크리토스의 '원자와 허공'을 되살린 것으로, 장을 배제하지 않는다. 따라서 세계에 대한 우리의 이해는 더 깊어지고 풍부해진다. 맥스웰은 이렇게 썼다.

행성들 사이와 항성들 사이의 광활한 공간은 더 이상 우주에서 버려진 곳으로 볼 수 없다. 창조주는 당신의 왕국을 다양한 질서의 상징으로 채우려고 하지 않았던가. 우리는 이 놀라운 매질이 이미 여기에 채워져 있음을 알게 될 것이다. 가득 차 있어서 사람의 힘으로는 공간에서 조금도 덜어낼 수 없으며, 그 무한한 연속성에 작은 흠집도 낼 수 없다.

열광적인 맥스웰의 문장이 지나치다고 느껴진다면, 그가 어떻게 거기까지 갔는지 살펴보자. 물리학자로서의 경력을 처음 시작하던 무렵의 맥스웰이 전기와 자기를 연구하기로 결심했을 때, 그는 패러데이의 발견과 개념에 크게 감명했다. 그는 훨씬 더 잘 개발되어 더 인기 있는 뉴턴의 체계 대신에 패러데이의 직관적인 장 개념에서 출발하기로 했다. 맥스웰은 계속해서 이렇게 말했다.

에너지가 한 물체에서 다른 물체로 시간에 따라 전달

될 때마다, 전달되는 중에 에너지가 머무를 매질 또는 실체substance가 필요하다. … 그리고 우리가 이 매질을 가설로 받아들인다면, 매질이 우리의 연구에서 빛나는 자리를 차지해야 하며, 또한 매질의 작용을 자세하게 나타내는 심적 표상을 만들어야 한다고 나는 생각한다.

이 새로운 관점을 수학적으로 다듬어서, 맥스웰은 일관된 방정식을 얻기 위해서는 패러데이의 유도 법칙을 다른 것으로 보완해야 한다는 것을 알아냈다. 이 보완에서는 전기장과 자기장의 역할이 패러데이의 유도 법칙과 반대로 되어야 했다. 이렇게 해서 시간에 따라 변하는 전기장이 자기장을 만든다는 맥스웰의 유도 법칙이 나왔다.

그가 장의 두 가지 유도 법칙(패러데이의 유도 법칙과 맥스웰 자신의 유도 법칙)을 결합하자, 극적인 새로운 효과가 나타났다. 이 효과는 자족적이고, 영구적이며, 전기장과 자기장의 교란이 멀리 이동하게 할 수 있다. 변화하는 전기장은 변화하는 자기장을 만들고, 변화하는 자기장은 다시 변화하는 전기장을 만들고, 이것은 다시 자기장을 만들고… 그의 계산에 따르면 이 교란은 빛의 속력으로 진행되어야 하는데, 빛의 속도는 이미 측정값이 알려져 있었다. 맥스웰은 즉각 선언했다. "이 결과의 일치는 빛과 자기가 같은 근원에서 나오며, 빛은 전자기 법칙에 따라 장을 통해 전달되는 전자기 교란임을 보여준다."

그가 옳았다.

가능한 전자기 교란에는 가시광선(우리의 눈으로 탐지할 수 있는 모든 파장)과 다른 많은 것들이 포함된다. 맥스웰은 가시광선보다 파장이 더 길거나 짧은, 당시에는 알려지지도, 기대하지도 않았던 새로운 형태의 복사도 함께 예측했다. 오늘날 우리는 이것들을 라디오파, 마이크로파, 적외선, 자외선, 엑스선, 감마선이라고 부른다.

맥스웰 방정식에 대한 결정적인 실험적 검증은 이 방정식이 제안된 지 20년도 더 지나서 처음으로 이루어졌다. 이를 위해서, 하인리히 헤르츠는 최초의 전파 송신기와 수신기를 설계하고 제작했다. 헤르츠의 목표는 아름다운 아이디어를 물리적 실재로 바꿔놓는 것이었다. 그는 자신이 성공했다고 느꼈다. 그는 이렇게 썼다. "이 수학 공식이 독립적으로 존재하고, 그 자신의 지성을 가지며, 우리보다 더 현명하고 그것을 발견한 사람보다 더 현명해서, 우리가 거기에 넣은 것보다 더 많은 것을 얻으리라는 느낌에서 벗어날 수 없다."

패러데이, 맥스웰, 헤르츠의 연구는 19세기의 대부분에 걸쳐 진행되었다. 그들의 연구에 의해, 공간을 채우는 장이 세계를 구성하는 새로운 성분으로 자리를 잡았다.

힘과 물질: 양자장

처음에 장은 물리적 세계를 만드는 레시피에서 입자를 보완하는 부가적인 성분으로 여겨졌다. 하지만 20세기를 지나는 동안에 장은 입자의 자리를 완전히 넘겨받았다. 오늘날 우리는 더 심오하고 더 완전한 실재가 숨어 있고, 입자는 그 모습이 드러난 것이라고 이해한다. 입자는 장의 아바타이다.

앞에서 이야기했듯이, 아인슈타인은 플랑크의 연구를 바탕으로 빛이 불연속적인 단위인 입자라고 말했다. 아인슈타인은 이 입자를 광양자라고 불렀고, 지금은 광자라고 부른다. 아인슈타인의 제안에 대한 물리학계의 초기 반응은 냉담했다. 맥스웰의 장을 기반으로 빛을 이해하는 기존의 이론에서는 빛이 입자라는 아이디어를 받아들이기 어려웠기 때문이다. 맥스웰의 이론은 많은 승리를 기록했다. 헤르츠의 세기적인 발견이 나왔고, 맥스웰의 이론에서 예측된 새로운 형태의 복사에 대한 세밀한 연구도 이 이론을 더 확고하게 했다.

장은 공간에 연속적으로 뻗어나가며, 입자와 아주 달라 보인다. 빛이 어떻게 장이면서 입자일 수 있는지 상상하기 어렵다. 그러나 실험적 사실을 설명하려면 이 상상을 받아들여야 한다.

빛의 두 가지 측면인 장과 입자는 양자장의 개념에서 조화를 이룬다. 양자장은 그 이름이 말하듯이 여전히 장이다. (말하자면, 공간을 채우는 매질이다.) 전기장과 자기장 모두에 대해 양자 버전이 있다. 그것들은 어느 누구도 양자역학에 대해 몰랐을 때 19세기 물리학자들이 전기장과 자기장에 대해 제안한 방정식(맥스웰 방정식)을 만족한다.

그러나 전기장과 자기장의 양자 버전은 부가적인 방정식도 만족한다. 이 부가적인 방정식을 대개 어려운 이름인 '교환 관계commutation relations'라고 부르지만, 나는 이 것을 좀 덜 공식적인 이름인 '양자 조건quantum conditions'으로 부르겠다. 어떤 이름으로 부르건, 이 부가적인 방정식들은 양자론의 핵심을 수학적 형태로 나타낸다. 베르너 하이젠베르크가 25세가 되던 1925년에 양자 조건의 일반적인 아이디어를 제시했다. 얼마 지나지 않아서 1926년에 폴 디랙이 전기장과 자기장에 적용되는 특정한 양자 조건을 제시했다. 디랙은 이때 24세였다.

만족해야 하는 방정식이 많아지면, 가능한 해가 줄어든다. 앞에서 말했듯이, 맥스웰은 빛이 스스로 영속하면서 이동하는 전자기장의 교란임을 발견했다. 그러나 그의 모든 해가 양자 조건을 만족하지는 않는다. 허용되는 해는 에너지와 진동수(장의 진동수) 사이의 특정한 관계를 만족해야 한다. 나는 중요한 관계를 말로 설명하고, 간단한 방정식으로도 나타내겠다. 이 관계는 교란의 에너지가 0이 아닌 상수, 플랑크 상수라고 부르는 것에 진동수를 곱한 것과 같다는 것이다. 방정식으로 나타내면 다음과 같다. $E = h\nu$. 여기에서 E는 에너지, ν는 진동수, h는 플랑크 상수이다. 이 관계식은 플랑크가 1900년에 제안하고 아인슈타인이 1905년에 광자의 존재를 예측하기 위해 채택한 공식과 일치한다. 이것은 우연의 일치가 아니며, 플랑크-아인슈타인 공식이라고 불린다. 실험적 결과에 밀접하게 바탕을 둔 이 혁명적인 제안을 받아들여 물리학자들이 일관된 이론적 해석으로 소화하는 데 20년이 걸렸다. 우리는 이제 맥스웰 방정식과 양자론을 함께 갖고 있다.

이러한 전자기장과 광자의 거대한 이야기는 또 다른 핵심적인 통찰로 바로 이어진다. 이것은 자연이 왜, 어떻게, 완전히 똑같아서 서로 맞바꿀 수 있는 입자들을 엄청난 수로 만들어내는지를 설명한다.

기본 입자와 같은 작은 규모의 세계에서 일어나는 일 중에는 우리가 이해하기 힘든 것이 하나 더 있다. 이렇게 작은 규모에서는 기본 입자들이 종류마다 동일한 사본들이 많이 있다고 보아야 한다. 수많은 동일한 광자, 수많은 동일한 전자 등등이 있는 것이다.

산업의 역사에서, 표준화되고 교환 가능한 부분들을 도입한 것은 엄청난 혁신이었다. 이것을 달성하기 위해서 새로운 기계들과 재료들을 발명하여 정확한 주형을 제작하고 유지할 수 있어야 했다. 그렇게 하고도, 한번 제조된 부품들은 닳고 파손되어 결국은 동일하지 않게 된다.

반면에 광자는 언제 어디서든 동일한 성질을 가진다. 색깔, 즉 파장이 같은 빛은 완전히 동일하다. 어떤 원천에서 방출되어도 광자는 완전히 똑같은 성질을 갖고, 동일한 방식으로 물질과 상호작용한다. 마찬가지로 전자는 어디에서 발견된 것이든 완전히 똑같다. 예를 들어 탄소 원자마다 그 속에 들어 있는 전자의 성질이 똑같지 않다면 각각의 탄소 원자는 성질이 다를 것이며, 화학은 지금과 같지 않게 된다.

자연은 어떻게 그렇게 할까? 모든 광자는 보편적인 전자기장에서 나오기 때문이다. 이렇게 이해하지 않으면 그 완벽한 동일성은 당혹스러울 수밖에 없다. 유비analogy에 의해 전자도 설명할 수 있다. 전지의 장이 있고, 이 장이 교란된 결과가 전자이다. 모든 전자의 성질은 같은데, 그 이유는 동일한 보편적인 장이 교란된 것이기 때문이다.

장은 국소성을 달성하기 위해 필요하며, 양자장은 입자를 만든다. 이러한 논리의 사슬을 따라가며 우리는 왜 입자가 존재하는지 이해하고 그것들의 놀라운 상호 교환 가능성을 더 깊이 이해하게 되었다. 무엇보다 장과 입자를 두 가지 서로 다른 종류의 근본적인 성분으로 나눌 필요가 없다. 장이 지배한다. 다시 말해서, 양자장이 지배한다.

장 개념의 기원으로 거슬러 올라가, 공간에서 전기와 자기의 영향을 이해하려는 패러데이의 시도에서, 양자장이 세계상을 통일하는 다른 방식을 인지할 수 있다. 동일한 양자 전기장과 양자 자기장이 광자도 만들고, 또한 패러데이의 전망(맥스웰 방정식)에 따라 전기와 자기의 힘도 만든다.

요약하면 다음과 같다.

우리는 힘에서 출발해서 장에 도달했고, (양자)장에서 출발해서 입자에 도달했다.

우리는 입자에서 출발해서 (양자)장에 도달했고, 장에서 출발해서 힘에 도달했다.

따라서 우리는 물질과 힘이 동일한 실재의 두 측면이라고 이해하게 되었다.

네 가지 힘

이 절에서, 나는 앞에서 알아본 체계, 즉 몇몇 입자들로 구현된 원리와 성질을 사용해서 알려진 네 가지 힘의 본성에 대해 우리가 가장 잘 이해하고 있는 바를 간략하게 살펴보겠다. 앞에서 이야기했듯이, 한 층 더 깊이 내려가면 입자 대신에 장이 나타난다.

네 가지 힘은 다음과 같다.

- 전자기력, 또는 양자의 찬란함을 완전히 포함하는, 양자전기역학quantum electrodynamics, QED
- 강한 핵력, 또는 양자의 찬란함을 완전히 포함하는, 양자색역학quantum chromodynamics, QCD
- 중력, 아인슈타인의 일반상대성으로 파악됨
- 약한 핵력

보통의 물질에 대한 이해를 주도하는 것은 전자기력과

강한 핵력이다. 전자기력은 원자를 하나로 묶어두며, 원자의 구조를 결정한다. 또한 전자기력은 원자들이 빛과 어떻게 상호작용하는지를 기술한다. 강한 핵력은 원자핵을 하나로 묶어두며, 그 구조를 결정한다.

중력은 기본 입자들 사이에 작용할 때는 대단히 미약하다. 그러나 수많은 입자들이 관련될 때는 영향이 축적되므로, 큰 물체들 사이의 상호작용을 주도하게 된다.

약한 핵력은 변환의 과정을 지배한다. 어떤 종류 입자들은 약한 핵력이 없다면 언제까지나 안정되게 존재하겠지만, 이 힘 때문에 조금씩 붕괴하게 된다. 또한 주목할 만한 것은, 이것이 우리의 태양을 포함한 항성들의 에너지 방출에 결정적인 역할을 한다는 사실이다.

더 자세한 내용으로 뛰어들기 전에, 두 가지를 설명하려고 한다. 첫째는 단순히 용어의 선택에 관한 것이다. 물리학자들은 자주 네 가지 '힘'이 아니라 네 가지 '상호작용'이라고 말한다. 이 선택에는 정당한 이유가 있다. '힘'은 뉴턴 역학에서 정밀한 의미가 있는데, 운동의 원인을 가리킨다. 그러나 예를 들어 '약한 핵력'이라는 말에서, '핵력'이라는 용어는 원인으로서 힘뿐만 아니라 다른 일을 하는 상호작용(말하자면, 한 종류의 입자를 다른 입자로 바꾸는 과정)을 포함하는 것으로 이해해야 한다. 그럼에도 불구하고 나는 '약한 핵력'을 그대로 쓸 것인데, '약한 상호작용'은 지나치게 격식을 갖추는 느낌이기 때문이다.*

두 번째로 내가 한 선택은 이 책에서 내가 이루려고 하는 것의 핵심에 닿아 있다. 네 가지 힘에 대한 우리의 이론이 영광스러운 이유는, 정확하고 정밀하게 몇 가지 수학 방정식으로 나타낼 수 있기 때문이다. 이것은 철학적으로 확고한 어떤 것을 의미하는데, 이것을 이해하기 위해 수학을 배워야 할 필요는 없다. 이 이론들을 내용의 손실 없이, 합당하게 짤막한 컴퓨터 프로그램으로 변환할 수 있다는 뜻이다. 물론 이렇게 되면 분리된 각각의 힘에 대한 네 가지 프로그램을 하나의 마스터 프로그램으로 결합할 수 있다. 이 마스터 프로그램, 즉 물리적 세계의 운영 체계는, 컴퓨터의 운영 체계보다 **훨씬** 더 짧을 수 있다.

그러나 뒤집어 생각하면, 이 엄청난 '데이터 압축'은 정보가 사람의 자연 언어와 크게 다른 어떤 것으로 부호화되어 있다는 말이다. 최초의 방정식, 또는 그와 동등한 컴퓨터 프로그램은, 자연 언어의 뿌리인 일상의 경험에서 상당히 먼 상징과 개념을 사용한다. 최초의 방정식으로부

---

* 다시 말해 '약한 핵력'이 더 강력하게 forceful 다가오기 때문이다.

터 사람들이 편하게 논의할 수 있는 결과를 끄집어내기 위해서는 수많은 계산과 해석을 수행해야 한다. 그래서 나는 최초의 방정식에서 얼마나 가까운 곳에서 시작할지, 어떤 결과를 강조할지에 대해 선택(실제로는 일련의 전체적인 선택)을 해야 한다. 이러한 선택과 무관하게 아주 적은 수의 법칙만으로도 물리 세계를 지배하기에 충분하다는 메시지는 그대로 남는다.

양자전기역학QED

전기적 원자

전기력의 쿨롱 법칙에서 시작해서 맥스웰 방정식으로 절정에 이르는 전자기 상호작용의 기본 규칙은 원래 사람 크기의 물체에 대한 실험에서 나왔다. 그럼에도 불구하고 원자 이하의 미시적인 세계를 탐구할 때도 우리는 원자 물리학에서 유일하게 중요한 힘은 전자기력뿐이라는 가정에서 출발한다. 이렇게 해서 원자 물리학에서도 여전히 맥스웰의 방정식을 이용해서 힘을 다루는데, 이것은 급진적 보수주의에서 할 수 있는 일이다.

이 대담한 전략은 놀랍도록 성공적이었다. 작은 핵에

원자 질량의 대부분과 모든 양전하가 집중되어 있고 그 나머지를 전자가 채운다는 기본적인 상을 받아들이기만 하면, 그 뒤로는 맥스웰 방정식과 양자 조건(이때는 전자장에 대한 조건이다)이 모두 알아서 처리한다. 이 둘이 함께 정밀하고 풍부한 함의를 담은 원자 모형을 내놓는다.

이것이 옳다는 것을 우리는 어떻게 아는가? **원자의 혼이 담긴 노래는 빛이 되어 나온다.** 약간의 시적 감흥을 허용하면, 이 말이 분광학이라는 과학과 예술에 대해 알려준다.

분광학

처음에는 광자장*과 전자장으로 시작하자. 광자장은 양자 조건에 따라 광자를 만든다. 광자는 전기적으로 중성이므로 서로 직접 영향을 주지 않는다.

전자장은 양자 조건을 통해서 전자를 만든다. 전자는 전기력을 통해서 서로 영향을 준다. 그렇기 때문에, 전자장의 가장 기본적인 교란들을 단순히 더해서 전자장의 모든 교란을 얻을 수는 없다. 그러나 전자들이 충분히 멀리 떨어져 있으면, 그것들의 상호작용에 관련되는 에너지

•   '광자장'과 '전자기장'은 서로 바꿔 쓸 수 있다.

는 그들의 질량에 묶여 있는 에너지(다시 말해 $E = mc^2$이다)에 비해 훨씬 작아서, 이렇게 해도 일관성이 유지된다. 다시 말해서 전자장의 기본적인 교란들이 작은 입자(전자)들이 상호작용하는 것처럼 보인다는 것이다. 일반적으로 초보적인 과학 과정과 고급 화학 또는 생물학의 교과서가 모두 이러한 장의 요동을 출발점으로 삼는다.

원자를 설명하기 위해 우리는 핵의 영향을 도입해야 한다. 핵이 가진 양전하와 전기적 균형을 이룰 만큼 많은 전자를 끌어들이고, 이 전자들의 장이 핵의 영향을 받도록 한다. 이런 상황에서는 전자장의 방정식이 꽤 복잡해진다. 핵이 전자들에게 주는 영향뿐만 아니라 전자들이 서로에게 미치는 영향까지 고려해야 하기 때문이다. 이것이 근본을 바탕으로 하는 원자 물리학과 화학의 끝없이 계속되는 이야기의 시작이다. 수많은 재능 있는 사람들이 이것의 일부를 탐구하기 위해 일생을 바친다.

그러나 여기에서 우리는 넓고 얕게 알아보고, 깊이 들어가지는 않을 것이다. 우리는 아주 일반적인 방식으로 원자 물리학의 가장 기본적인 예측이 어떤 것인지, 그리고 이것들이 어떻게 근본과 연결되는지 이해하려고 한다. 이런 목적으로, 원자 물리학의 중심적인 결과를 아름다울 정도로 단순하게 말할 수 있다. **원자가 방출하는 빛의 색**

을 연구함으로써, 원자가 어떻게 작동하는지에 대해 풍부하고 자세한 정보를 수집할 수 있다.

더 자세히 알아보자. 원자는 여러 가지 상태를 가질 수 있고, 상태마다 특정한 에너지를 가진다. 양자 조건에 의해, 허용되는 에너지는 띄엄띄엄한 값이 된다. 높은 에너지 상태는 광자를 방출하면서 붕괴해서 낮은 에너지 상태가 될 수 있다. 방출되는 광자의 에너지는 원자의 처음 상태와 나중 상태의 에너지 차이와 같다. 플랑크와 아인슈타인이 가르쳐주었듯이 광자의 에너지는 그 진동수, 즉 색깔과 관련되어 있다. 진동수는 색깔과 동등하며, 더 쉽게 측정할 수 있다.

원자가 방출하는 색의 배열을 스펙트럼spectrum이라고 하며, 스펙트럼을 연구하는 학문을 분광학spectroscopy이라고 한다. 분광학은 우리가 자연과 교신하는 가장 강력한 도구들 중 하나로, 전기적으로 중성인 원자뿐만 아니라 분자, 전기적으로 중성이 아닌 원자(이온) 등 광자를 방출하는 어떤 것이든 연구할 수 있다.

양자역학이 현대와 같은 성숙한 형태를 갖추기 전인 1913년에, 닐스 보어가 수소 원자에서 가능한 에너지를 한정하는 어떤 규칙을 발명했다. 보어는 미약한 증거에서 영감에 넘친 추측으로 이 규칙을 끌어냈다. 이 규칙으로 예측한 스펙트럼은 그때까지 알려진 관찰 결과와 놀랄 만큼 잘 일치했다. 사실 이것은 그렇게 놀랍지는 않은데, 그 관찰을 염두에 두고 규칙들을 정했기 때문이다. 더 인상적인 것은 보어의 체계에서 나온 다른 예측들이 모두 들어맞았다는 데 있다. 아인슈타인은 어떤 세미나에서 이 놀라운 결과를 보고 크게 감동해 이렇게 말했다. "그렇다면 이것은 가장 위대한 발견들 중 하나다."

보어의 대활극(보어는 서부 활극을 대단히 좋아했다고 한다—옮긴이)과 같은 성공은 엄청난 영향력을 발휘했고, 논리적으로 정합적이면서 더 일반적인 양자 조건을 찾아보도록 물리학자들에게 영감을 주었다. 오늘날 보어의 규칙은 플랑크-아인슈타인 공식과 함께 현대적인 양자 조건의 선구자로 인정된다.

아인슈타인은 보어의 연구가 "사고의 영역에서 최고의 음악성을 갖춘 형태"라고 말했다. 그러나 이 연구의 후손인 현대의 양자역학은 이것보다 훨씬 더 조화로우며, 그 방정식들은 음악을 일으키는 방정식과 놀라울 정도로 닮았다.

더 구체적으로, 핵 주위의 전자장의 방정식은 이상한 물질로 만든 공^{gong}의 방정식과 닮았다. 이런 비유를 계속 써보자면 원자가 방출하는 빛의 스펙트럼은 공이 내는 소리의 스펙트럼에 대응한다. 둘 다 장치 또는 악기의 울림이 갖는 안정된 패턴의 특성을 따른다. 그러나 원자의 스펙트럼은 음악을 위해 설계된 것이 아니다. 그것들은 어떤 의미 있는 음계의 음정을 형성하지 않는다. 특히 전자 하나 이상이 관련될 때, 진동에서 허용되는 패턴은 상당히 얽혀 있을 수 있다. 원자 스펙트럼은 완전히 확정적이며 원리적으로 계산이 가능하지만, 매우 복잡하다.

정교하고도 복잡한 스펙트럼은 자연을 이해하는 특별하고도 강력한 도구이다. 서로 다른 종류의 원자들이 서로 구별되는 빛의 패턴을 방출하며, 원자 스펙트럼은 일종의 서명 또는 지문과 같다. 따라서 단순히 보기만 해도 (색깔에 주의를 기울이기만 하면!) 시간적·공간적으로 멀리 떨어져 있는 원자들의 행동을 식별하고 연구할 수 있다. 우주는 거대하고 기구를 잘 갖춘 화학 실험실이다. 이런 이유로, 분광학은 천체물리학과 우주론의 중심이다.

또한 분광학으로 우리의 근본들을 검증해볼 수 있다. 이제까지 스펙트럼에 대해 우리가 해낼 수 있었던 정밀한 이론적 계산이 자세한 관찰과 일치했으므로, 우리가 얻은 법칙이 올바르다고 확신할 수 있나. 또한 이제까지 천문학자들과 화학자들이 그들이 들여다본 모든 곳에서 동일한 원자 스펙트럼을 관찰했으므로, 우리는 우주의 모든 곳과 그 역사 전체에서 동일한 물질에 대해 동일한 법칙들이 적용된다는 결론에 도달한다.

양자색역학QCD

원자 모형과 분광학의 놀라운 결과는 원자가 작은 핵을 갖고 그 핵이 양전하 전부와 질량의 거의 대부분을 가진다는 가정에서 나왔다. 논리적으로, 이러한 성공에 이어지는 근본적인 물리학의 다음 목표는 핵을 이해하는 것이었다. 핵을 이해하려는 노력은 20세기의 많은 기간 동안 물리학을 주도했고, 놀라운 발견들과 우여곡절을 만들어냈다. 여기에서는 곧바로 근본에 도달할 수 있도록 이 역사의 거의 대부분을 스쳐 지나가겠다. 핵물리학의 초기 발전과 뜻하지 않게 세계사에 커다란 영향을 주게 되는 이야기를 더 알고 싶은 독자들에게 나는 리처드 로즈가 쓴 책《원자폭탄 만들기》를 강력히 추천한다.

양자색역학 이전에 나온 핵물리학의 중심적인 발견은, 양성자와 중성자를 성분으로 해서 원자핵 모형을 구성하는 것이 유용하다는 것이었다. 그러나 이 모형에서는 어떤 새로운 힘이 성분들 사이에 작용해서 핵을 하나로 유지해야 한다. 양성자들 사이의 반발력이 매우 크고 중력은 아주 약하기 때문에, 그때까지 알려지지 않은 힘이 필요했던 것이다. 물리학자들은 이 새로운 힘을 강한 핵력이라고 불렀고, 이 힘을 이해하기 위한 노력을 시작했다. 그러나 이 목표를 위해 양성자와 중성자의 행동을 연구하자 상황이 아주 빠르게 혼란스러워졌다. 결정적인 진전은 물리학자들이 양성자 **내부**를 들여다본 뒤에야 이루어졌다.

양성자의 내부

양성자 내부를 들여다보기 위해 물리학자들은 일찍이 그들이 원자 내부를 연구할 때와 비슷한 전략을 따랐다. 앞에서 보았던 가이거와 마스든이 했던 것과 비슷한 산란 실험을 한 것인데, 다른 종류의 빔을 사용하고 개선된 기술을 적용했다. 그들은 관심의 대상을 입자 빔에 노출시켰고, 이 입자들이 어떻게 굴절되는지 확인했고, 어떤 구조가 관찰된 패턴을 만들 수 있는지를 추적했다.

빔의 입자들(초기의 실험에서는 전자를 사용했다)이 얼마나 휘는지와 더불어 에너지를 얼마나 많이 잃는지를 측정하면서 결정적인 발전이 이루어졌다. 이 부가적인 정보로 공간의 분해능뿐만 아니라 시간의 분해능도 얻을 수 있게 되었다. 이 결과에서 복잡한 영상 처리를 거치면 양성자 내부의 **정지 영상**을 얻을 수 있다. 양성자 내부는 매우 빠르게 움직이기 때문에 정지 영상을 얻는 것이 중요하며, 노출이 조금만 길어져도 흐릿해서 아무것도 알 수 없게 된다. 이 맥락에서 긴 노출이란 10억분의 1의 10억분의 1의 100만분의 1초보다 긴 노출을 의미한다.

자유와 속박

양성자 내부의 모습에서 여러 가지 놀라운 것이 밝혀졌다. 무엇보다도 먼저, 양성자가 쿼크를 포함하는 더 작은 입자들로 구성되어 있다는 것이 알려졌다. 쿼크는 이전까지 과학자들이 강하게 상호작용하는 입자들에 관한 관찰 결과를 설명하는 이론적인 도구로 사용되었지만, 그것들이 물리적으로 존재하는지에 대해서는 많은 의심을 받았다. 이것을 고안한 사람들 중 한 명인 머리 겔만조차 의심을 나타냈다. 그는 자기의 쿼크를 다음과 같은 프랑스 요리법에 나오는 송아지고기에 비교했다. "꿩고기를 송아지고기 두 조각 사이에 넣고 조리한 뒤, 송아지고기는 버린다."

(쿼크를 고안한 또 한 사람인 조지 츠바이크는 쿼크의 존재를 훨씬 더 진지하게 받아들였다. 그는 여러 해 동안 양성자를 떠나

고립된 쿼크를 탐지하는 방법을 찾기 위해 노력했다. 이 시도는 결코 성공하지 못했고, 이제 우리는 그것이 실패할 수밖에 없다는 것을 안다. 또는 안다고 생각한다.)

쿼크의 존재에 대한 회의론은 그것이 관찰되기 전까지는 비합리적인 것이 아니었다. 그 이유는 쿼크에 이전에는 관측된 적이 없는 성질들이 있기 때문이었다. 그중 하나는 전하가 전자가 가진 전하의 분수 배라는 것이다. 분수 전하는 이전까지 한 번도 나온 적이 없었다. 다른 하나는 언제나 양성자 또는 다른 강한 상호작용을 하는 입자들(이른바 강입자hadron) 속에서만 발견되지, 고립된 쿼크는 발견되지 않는다는 점이다.

이것을 '속박, 가둠confinement'이라고 부른다. 이것은 혼란을 불러왔고, 쿼크를 보여주는 양성자 내부의 정지 영상이 나온 뒤에도 이 혼란은 가라앉지 않았다. 양성자 속에서 쿼크들은 서로의 행동에 거의 영향을 주지 않는 것으로 보인다. 그러나 궁극적으로 쿼크들끼리 작용하는 힘에 의해 어떤 것도 탈출할 수 없다.

내가 처음으로 수행한 본격적인 물리학 연구는 박사 과정 학생으로서 지도교수 데이비드 그로스와 함께 이 문제에 접근한 것이었다. 우리는 쿼크의 역설적인 행동을 설명하면서도 국소성, 상대성, 양자론이라는 '신성한 원리'를 만족시키는 이론을 찾으려고 노력했다.

따라서 우리는 **양자장을 바탕**으로 입자들이 멀리 있을 때는 강력하게 상호작용하고 서로 가까이 있을 때는 약하게 상호작용하게 되는 이론을 탐색했다. 일상생활에서 우리는 이런 힘을 고무줄로 만들 수 있다. 그러나 고무줄은 양자장이 아니다. 양자장을 고무줄처럼 행동하게 만들기는 그리 쉽지 않다.

짧지만 강렬한 고투 끝에, 우리는 이런 일을 하는 이론을 찾아냈다. 이것을 양자색역학 또는 줄여서 QCD라고 부른다. 처음에 우리의 이론에 대한 증거는 아주 희박했다. 그러나 시간이 지나면서 고에너지 실험을 하고 더 많은 문제를 풀기 위해 컴퓨터를 사용하게 되면서, 증거가 쌓이고 확고해지기 시작했다. 거의 50년이 지난 지금은 증거가 산더미처럼 많다.

모호한 열망과 혼란에서 시작해서 조직적인 탐구로 넘어가고, 희미한 빛을 보고, 계산하고, 검증 가능한 예측을 하고, 마침내 여행의 끝에서 물리적 실재를 공유하는 진리에 도달한 것은, 그 경로의 각 단계를 경험하는 것은, 초월적인 선물이었다. 데이비드 그로스와 나는 2004년에 노벨상을 받았다. 독립적으로 관련된 계산을 했던 데이비드 폴리처도 우리와 함께 상을 받았다.

에너지에서 질량으로: m = E/c²

이번에는 QCD의 가장 놀라운 적용을 살펴보겠다. QCD 는 대부분의 질량의 기원을 설명한다.

아인슈타인의 유명한 공식 $E = mc^2$은 물체가 정지해 있을 때 숨어 있는 질량에너지를 나타낸다. 에너지가 보존되므로, 이 공식을 이용해서 입자가 쪼개지거나 더 작은 입자로 붕괴할 때 얼마나 많은 에너지가 방출되는지 계산할 수 있다. 예를 들어 지구 방사능의 에너지가 어떻게 대륙(판 구조)을 이동시키는지, 또는 핵의 연소가 어떻게 별에 에너지를 공급하는지 추적할 때 이 공식을 사용할 수 있다.

이 공식을 반대 방향으로 해석해서, 질량이 순수한 에너지로 바뀐다고 읽을 수도 있다. $m = E/c^2$. 양성자와 중성자 질량의 대부분이 이것으로 설명된다. 따라서 인간을 비롯해서 우리 주변 거의 모든 물체들의 질량도 이런 방식으로 설명할 수 있다.

양성자 안에는 쿼크와 글루온이 있다.* 쿼크는 아주 작은 질량을 가지며, 글루온은 질량이 없다. 그러나 글루온

---

* 반反쿼크도 적은 비율로 있다. 이것은 복잡하며, 독자들 각자의 탐구 주제로 남겨두겠다.

은 양성자 안에서 매우 빠르게 움직이며, 따라서 에너지를 가진다. 이 모든 에너지가 더해진다. 전체적으로 정지된 물체에 축적된 에너지가 들어 있으면, 이 물체의 질량은 $m = E/c^2$이다. 이것은 양성자와 중성자의 거의 모든 질량에 해당하며, 이는 순전히 에너지의 산물이다. 중국 전통의 신비주의자들은 만물에 흐르는 보편적인 에너지인 기氣에 대해 말하며, 신체 내부의 기를 단련하기 위해 애쓴다. QCD에 따르면 양성자와 중성자의 대부분을 이루는 이 에너지야말로 기라고 할 수 있을 것이다.

내가 아직도 간직하고 있는 어린 시절의 물건 중에 상대성을 처음 배울 때 썼던 작은 공책이 있다. 그때 나는 상대성과 대수학을 함께 배우고 있었다. 나는 두 주제에 대해 진정으로 이해하지 못했지만, 그 공책에 따르면 내가 $E = mc^2$ 같은 뭔가 놀라운 것을 발견했던 것 같다. 그 공책에 나는 $m = E/c^2$라고 써놓았다. 물론 그 시절의 나는 거의 아무것도 몰랐다….

중력(일반상대성)

뉴턴의 우연의 일치

뉴턴의 중력 이론은 앞에서 우리가 기술한 단순한 힘의 법칙을 바탕으로 나왔는데, 200년이 넘는 동안 승승장구했다. 그러나 이 이론에는 설명되지 않은 놀라운 우연의 일치가—실제로 무수히 많은 우연의 일치가—처음부터 나타난다. 뉴턴의 '운동' 법칙에 따르면, 물체에 작용하는 힘은 (그 물체의 질량)×(그 힘이 일으키는 가속도)와 같다. 그런데 뉴턴의 '중력' 법칙에 따르면, 물체에 작용하는 힘은 또한 그 물체의 질량에 비례한다. 이 두 법칙을 하나로 결합하면, 우리는 물체의 질량이 상쇄되는 것을 본다. 다시 말해, 중력은 작용하는 모든 물체에 대해 동일한, 보편적인 가속도의 근원이다.

뉴턴 이론에는 두 가지 다른 종류의 질량이 있다. 하나는 일반적인 힘에 대한 물체의 반응을 지배하는 관성 질량이다. 다른 하나는 중력 질량이며, 물체가 주거나 받는 중력을 지배한다.* 이론의 논리적 구조에는 관성 질량과

• 뉴턴의 운동 제3법칙에 따르면, 작용=반작용이며, 느끼는 힘의 크기는 가하는 힘의 크기와 같다.

중력 질량이 비례해야 할 이유가 없다. 그런데도 이 이론은 여전히 완벽하게 잘 작동한다. 예를 들어, 관성 질량과 중력 질량의 비가 물체의 화학적 조성에 따라 달라지는 세계를 상상할 수도 있다. 관성 질량과 중력 질량이 같다는 것은 중력 가속도가 모든 물체에 대해 같다는 것이다. 뉴턴의 이론에서는 이것을 설명되지 않은 우연의 일치로 남겨둔다.

반응하는 시공간

아인슈타인은 1915년에 그의 중력 이론인 일반상대성 이론을 발표했다. 이것은 뉴턴의 우연의 일치를 놀랍고도 대단히 만족스러운 방식으로 설명한다. 이것은 또한 뉴턴이 열망하던, 국소 작용을 바탕으로 하는 중력 이론이다. 중력은 전자기력과 마찬가지로 장을 바탕으로 하는 체계가 되었다.

일반상대성의 원대한 논리를 다음과 같이 열 가지 항목으로 정리할 수 있다. 물론 이것은 수학적으로 자세한 설명이 아니며, 우리가 여기에서 그것을 원하는 바도 아니다.

1. 보편적인 진리에 대해서는 보편적인 설명이 있어

야 한다.

2. 따라서 중력이 시간과 장소에 무관하게 모든 물체에 똑같은 가속도를 주는 '우연의 일치'는 분명히 이론의 가장 기초적인 부분에 원인이 있어야 한다.

3. 따라서 중력 가속도는 시공간의 성질에서 나와야 한다.

4. 시공간이 가질 수 있는 한 가지 성질은 곡률*이다.

5. 시공간의 곡률은 시공간에서 움직이는 물체의 운동에 영향을 준다. 따라서 '가능한 한 직선으로' 움직이는 물체도 직선으로 움직이지 못할 수 있다.

6. 시공간에서 직선은 일정한 속력의 움직임을 나타낸다. 따라서 직선 운동에서 벗어난다는 것은 가속도를 나타낸다.

7. 위의 5와 6을 결합해서, 우리는 3을 달성할 방법을 본다. 중력이 시공간의 곡률을 반영한다는 것이다.

8. 곡률은 장소에 따라 달라질 수 있고, 시간에 따라 달라질 수도 있으며, 이것은 장을 정의한다.

---

* 여기에서 아인슈타인은 시공간을 기하학적 대상으로 간주한다. 공간에 시간을 더해서 만들어지는 기하학적 대상인 시공간은 공간보다 한 차원이 더 있지만, 이것도 여전히 기하학적 개념으로 다룰 수 있다.

9. 중력 이론을 얻기 위해, 시공간의 곡률의 장과 물질의 영향을 연결하는 방정식이 있어야 한다. 사실 뉴턴이 우리에게 가르쳐주었듯이, 물질에서 중력이 나온다.

10. 뉴턴의 중력 법칙에 따르면, 중력과 관련해서 물질의 가장 결정적인 성질은 질량이다. 더 구체적으로 말하면, 시공간의 곡률에 중력이 들어 있으며, 따라서 시공간의 곡률이 질량에 비례해야 한다는 것이다. 이 제안은 바른 방향으로 가고 있다. 이것을 잘 다듬어서 정교한 방정식으로 만들어야 하는데, 다듬는 방법은 특수상대성을 알고 있으면 기술적인 문제일 뿐이다. (앞에서 말했듯이 여기에서 가장 중요하게 개선된 점은 질량에너지뿐만 아니라 모든 형태의 에너지가 중력을 행사한다고 인지했다는 것이다.)

상대성의 시인 존 휠러는 이것을 다음과 같이 요약했다. "시공간은 물질에게 어떻게 움직일지 알려주고, 물질은 시공간에게 어떻게 휠지 알려준다."

약한 핵력

자연의 연금술

약한 핵력은 물질을 하나로 묶지도 않고 이동시키지도 않지만, 물질을 다른 물질로 바꿀 수 있기 때문에 중요하다. 이 힘은 **약하다는 점이 중요하게 작용하여**, 우주의 진화에서 독특하면서도 중심적인 역할을 한다. 약한 핵력은 일종의 우주적 저장 배터리를 제공해서, 우주적 에너지를 천천히 방출하게 해준다.

약한 핵력에 익숙해지기 위해서는 중성자 붕괴 과정으로 시작하는 것이 좋다. 이것은 약한 핵력의 과정들 중에서 가장 단순하며, 가장 중요하기도 하다. 고립된 중성자는 반감기가 10분이 조금 넘는 정도이다. 고립된 중성자가 붕괴하면 거의 언제나 양성자, 전자, 반중성미자로 바뀐다(반중성미자는 중성미자의 반입자이다). 중성자와 양성자가 다른 입자들보다 훨씬 무겁기 때문에, 이 둘을 중심으로 놓고 보면 더 많은 것을 이해할 수 있다. 그렇게 보면 중성자 붕괴는 중성자가 양성자로 변하면서 에너지를 내놓는 것이라고 생각할 수 있다.

먼저 알아둘 것은, 아원자의 세계에서 10분은 영원과 같다는 것이다.

비교하자면, 강한 상호작용에 의해 쿼크와 글루온이 재배열됨으로써 붕괴하는 강입자의 수명은 1초보다 훨씬 더 짧다. 강한 핵력은 약 10^{27}배, 즉 1,000,000,000,000,000,000,000,000,000배 더 빠르게 작용한다. 이것을 기준으로 보면, 중성자가 약한 핵력에 의해 불안정성이 축적되어 붕괴를 일으키려면 대단히 오랜 시간이 걸린다는 것을 알 수 있다. 다시 말해서 이것은 매우 약한 불안정성이고, 이렇게 약한 불안정성을 일으키는 원인을 **약한** 핵력이라고 부른다.

중성자 붕괴의 배후에 있는 기본 입자의 변화는 다운쿼크가 (전자와 반중성미자를 방출하면서) 업쿼크로 바뀌는 것이다. 중성자는 '업다운다운udd' 쿼크 조합이고, 양성자는 '업업다운uud' 쿼크 조합이므로, 다운쿼크 하나가 업쿼크로 바뀌면 중성자가 양성자로 바뀌게 된다.

약한 핵력은 미약하지만, 다른 힘이 할 수 없는 일을 한다. 강한 핵력도, 전자기력도, 중력도 한 종류의 쿼크를 다른 종류의 쿼크로 바꾸지 못한다. 반면에 약한 핵력은 무거운 쿼크를 가벼운 쿼크로 바꿀 수 있다. 앞의 장에서 말한 모든 '보너스 입자들'*은 약한 핵력 때문에 매우 불

---

* 부록에서도 다룬다.

안정하다.

약한 핵력은 쿼크가 있는 곳이면 어디에서든 작용한다. 또한 약한 핵력은 중성자가 고립되어 있을 때뿐만 아니라 원자핵 속에 있을 때도 중성자를 양성자로 바꿀 수 있다. 이런 일이 일어난 다음에는, 새로운 핵에 양성자가 하나 많아지고 중성자가 하나 줄어든다(전자와 반중성미자가 빠져나간다). 원자핵 속의 양성자 수가 그 원자의 전기적 성질을 결정하고, 그리하여 화학적 성질도 결정하므로, 약한 핵력이 개입하는 과정에서 원자가 화학적으로 다른 원자로 바뀐다. 이것은 연금술사들이 열망했으나 현대 화학의 선구자들은 불가능하다고 말했던 것이다. 약한 핵력은 자연의 연금술을 행한다.

이해의 미래

이것이 전부일까?

양자전기역학에서 추측을 제거한 위대한 수리물리학자 폴 디랙은 1929년에 이미 이렇게 선언했다. "이렇게 해서 물리학의 많은 부분과 화학의 전부에 필요한 수학적 이론을 떠받치는 물리적 법칙이 완전히 알려졌다."

디랙은 양자전기역학의 법칙들을 언급한 것이었고, 이 것은 전자, 광자, 원자핵으로 이루어진 모든 물질에 적용된다. 그때부터 지금까지 90년이 지나는 동안에 원자 물리학과 화학에서 수천 가지의 새로운 실험, 응용, 발견이 나왔고, 디랙의 대담한 주장은 살아남은 정도가 아니라 이론이 엄밀해지면서 점점 더 옳은 것으로 밝혀졌다. 강한 핵력과 약한 핵력을 이해하게 되면서 근본적인 이해의 범위도 확장되어서, '물리학의 많은 부분'은 훨씬 더 많아졌다. 예를 들어 1929년의 물리학에서는 별의 에너지가 어떻게 공급되는지 또는 어떤 힘이 원자핵을 지탱하는지에 대해 명확히 알지 못했다. 오늘날에는 수천 가지의 엄밀한 실험적 검증으로 이런 것들이 확실하게 밝혀졌다.

이어서 디랙이 "그리고 난점은 단지 이 법칙들을 적용해보면 풀기에 너무 복잡한 방정식들이 나온다는 사실뿐이다"라고 말하던 당시는, 현대의 슈퍼컴퓨터 같은 것은 꿈도 꾸지 못할 때였다. 슈퍼컴퓨터의 도움으로, 우리는 근본적인 이해로부터 얻은 방정식들을 훨씬 더 잘 풀 수 있게 되었다. QED, QCD, 일반상대성, 약한 핵력의 방정식들이 양자론의 체계에서 작동해서 레이저, 트랜지스터, 원자로, 자기공명영상MRI, GPS와 같은 여러 가지 발전이 일어날 수 있었다.

그러나 화학자들과 재료공학자들이 금방 일자리를 잃지는 않을 것이다. 작은 분자 또는 완전한 결정結晶과 같은 몇 가지 단순한 경우를 제외하면, 단순한 계산만으로 행동을 예측하는 것은 실용적이지 않다. 화학자들과 엔지니어들은 쿼크와 글루온을 직접 다루지 않으며, 그런 일이 있다고 해도 극히 드물 것이다. 앞으로 나아가기 위해서는 어림값을 계산하는 방법을 고안해야 한다. 이상화를 도입하고, 더 빠르고 더 강력한 컴퓨터를 만들고, 실험을 해야 한다.

그러나 "난점은 **단지**" 우리의 근본적인 방정식이 풀기 어렵다는 사실에만 있는가 하는 것은 다른 문제이다. 어쩌면 완전히 놓치고 있는 큰 효과가 있지 않을까? 아니면 이것이 전부일까?

네 가지 근본적인 힘의 법칙들이 하나로 모여서 '표준모형' 또는 (내가 더 좋아하는 표현인) '코어the Core'라고 부르는 것으로 다듬어졌다. 이것들은 마치 윤활유를 잘 먹인 기계처럼 작동한다. 코어(QED, QCD, 중력, 약한 핵력의 근본적인 법칙들이 모여 있는 것)는 물리학의 실용적인 응용에 대한 적절한 근본을 형성하며, 이것은 예측 가능한 미래에도 근본으로 남아 있을 것이다.

한 가지 이유는 명백하다. 이 법칙들은 화학, 생물학, 공학, 천문학(초기 우주론을 제외하고)에 필요한 것보다 훨씬 더 큰 정밀성으로 훨씬 더 넓은 범위에서 검증되었기 때문이다.

또 다른 이유는 이론적이다. 양자장은 강력한 도구이지만, 고약한 도구이기도 하다. 이것을 수학적으로 모순이 없는 방식으로 사용하기란 너무나 어렵다. 주의를 기울이지 않으면, 해가 없는 방정식들의 체계 속에서 헤매게 된다. 양자장에 크게 의지하고 있는 코어(표준모형)는 이런 성질 때문에 유연성이 매우 떨어진다. 코어를 완전히 무너뜨리지 않고 수정하기는 어렵다.

코어에 뭔가를 **보탤** 수 있지만, 이것은 우리가 알고 있는 물질과 매우 약하게 결합하는 새로운 형태의 물질을 추가하거나, 또는 기본 입자들의 행동을 '비실용적으로', 즉 매우 높은 에너지에서의 행동을 수정하는 방식으로만 가능하다. 나중에 살펴볼 액시온axion은 전자의 예이다. 초끈이론은 기본 입자들이 실제로는 끈으로 되어 있다고 생각하는데, 이것은 후자의 예이다.* 이런 종류의 추가는

---

* 가설적인 끈은 아주 작고 아주 뻣뻣해서, 식별하기도 어렵고 교란하기도 어렵다.

근본적인 방정식에서 우주론적이고 미학적인 단점을 보완할지도 모르지만, 실용적인 응용에 영향을 줄 것 같지는 않다.

디랙을 흉내 내어 말하면 다음과 같다. **실용적인 의미에서, 이것이 모든 것이다.**

그러나 고맙게도, 근본을 다지거나 실용적인 일을 하는 것이 인생의 전부는 아니다.

힘의 통일

코어는 그 자신을 초월할 씨앗을 갖고 있다.

네 가지 힘들 중 세 가지인 QED, QCD, 약한 핵력은 서로 다른 종류의 전하를 바탕으로 한다.[*] 전하에 반응하는 장이 있고, 어떤 전하를 다른 것으로 바꿀 수 있는 장이 있다. (예를 들어 색글루온장은 한 종류의 색전하를 다른 것으로 바꿀 수 있다.) 전하에는 전기적인 전하, 세 종류의 색전하, 두 종류의 약한 전하가 있다. 더 큰 체계가 있어서 이 전하들을 모두 같은 기반에서 다루고, 이 모든 것들이 서로 변환이 가능하다고 상상하는 것은 지극히 자연스럽다.

---

* 약한 핵력의 이 측면에 대해서는 8장에서 다룬다.

그런데 이 매력적인 아이디어는 큰 문제에 직면한다. 원하는 변환이 가능하다는 증거가 전혀 없다는 것이다. 오히려 이것들은 일어난다고 해도 매우 드물게 일어나야 한다. 색전하를 다른 형태로 변환할 수 있다면 쿼크는 전자로 변할 수 있을 것이고, 양성자는 불안정할 것이다. 그러나 물리학자들이 양성자 붕괴를 찾으려고 아주 열심히 노력했지만, 결코 관찰하지 못했다.

반면에 우리는 약한 상호작용 이론에서 "이 세계의 것이기에는 너무 좋은" 것으로 보이는 아름다운 방정식을 구원하는 한 가지 방식을 배웠다. 이 아름다운 방정식이 성립하는 더 텅 빈 세계를 상상할 수 있고, 그런 다음에 여기에 적절한 물질(힉스 응축체)*을 채워서 우리의 세계로 만든다.

이 전략을 더 밀고 나갈 수 있을까? 전하들 사이의 차이가 다른 우주적 매질의 복잡한 영향 때문이고, 이 우주적 매질이 더 무겁고 더 잡기 힘든 힉스 입자 같은 것으로 만들어져 있다면 어떨까?

이렇게 생각할 아름다운 이유가 있다. 이 이유는 코어에 관한 다른 핵심 아이디어에서 나온다. 그것은 점근적

• 8장에서 더 자세히 살펴볼 것이다.

자유성asymptotic freedom이다. 점근적 자유성은 짧은 거리에서 강한 핵력이 줄어드는 것이다. 우리는 앞에서 이것에 대해 말했고, 이름만 말하지 않았다. 점근적 자유성은 QCD 발견의 핵심이었고, 또한 QCD의 예측력의 많은 부분의 근원이다. 우리는 동일한 방법을 사용해서, 다른 힘들이 거리에 대해 어떻게 변하는지 계산할 수 있다. 이렇게 계산해보면 마법 같은 결과가 나온다. 엄청나게 짧은 거리에서는 네 가지 힘의 세기가 모두 같아지는 것이다. 이것은 우리가 통일장에서 일어날 것으로 예측한 것과 정확하게 같다. 짧은 거리를 볼 때는 매질의 복잡한 효과가 최소화된다. 우리는 거기서 계산된 숫자들에서, 우리가 상상한 이상적인 세계를 본 듯하다.* 이런 방식으로 아인슈타인의 통일장의 흐릿한 꿈이 구체적이고도 정량적인 모습이 된다.

통일의 꿈을 향해 가는 추진력은 코어에서 나오는 중심 아이디어, 즉 전하와 그 변환, 세계를 채우는 매질에 의해 가려진 대칭성, 점근적 자유성을 바탕으로 하는 방

---

* 완전한 설명: 이 계산들은 법칙이 검증된 범위를 크게 벗어나는 영역으로의 외삽이 포함되어 있고, 일치는 근사적이다. 이 상황을 더 보수적으로 표현하면, 의심스러운 '일치'를 입증하기에 충분할 정도로 계산이 잘 들어맞는다는 것이다.

정식이 자연스럽게 그리고 논리적으로 확장되는 것이다. 이것들이 함께 작동해서, 이 아이디어들이 힘(중력을 포함해서)의 세기의 '일치'를 설명한다. 양성자 붕괴가 관측된다면 이 꿈이 정당화될 것이다. 탐구는 계속된다.

전체를 보기

> 객관적인 세계는 단순히 **있으며, 일어나지**
> 않는다. 나의 의식이, 내 몸의 생명선lifeline을
> 따라 더듬어가면서 바라봄으로써만, 이
> 세계의 단면이 시간에 따라 연속적으로
> 변하는 공간 속에서 표류하는 영상으로
> 생명을 얻는다.
>
> —헤르만 바일

"변화를 기술하는 기본 법칙들"이라는 아이디어는 세계가 어떻게 돌아가는지를 과학적으로 이해하도록 안내하는 첫 번째 원리이다. 이 아이디어는 충실하게 자기 역할을 한다. 코어의 근본적인 법칙들의 성격이 그렇다. 이 법칙들은 어떤 일이 **일어나는지** 알려준다.

그러나 무엇이 **있는지**와 무엇이 **일어나는지**의 경계는 확실하게 나눌 수 없다. 다만 변화의 영원한 법칙 자체는

변하지 않는다. 법칙들은 생겨나지 않으며, 그냥 있을 뿐이다. 법칙들은 무엇이 **일어나는지**에 대해서만 말할 뿐이지만, 그 결과를 끌어냄으로써 우리는 세계에서 지속되는 면들에 대해, 다시 말해서 **있는** 것에 대해 많은 것을 알 수 있다.

예를 들어, 당신이 물질을 미시적으로 검사하면서 무엇이 **일어나는지** 물어보면, 그리하여 그 물질이 단순한 몇 가지 성질을 갖는 몇 가지 성분으로 이루어져 **있다**는 것을 발견하면, 당신은 그 경계를 넘어선 것이다. 당신이 이 성분들을 함께 두어서 안정되게 했을 때 어떤 일이 **일어나는지** 물어보고, 그리하여 물질이 핵, 원자, 분자들로 구성되어 **있고** 이것들이 주기율표와 물리학과 화학의 표준적인 교과서를 채운다는 것을 발견하면, 당신은 다시 이 경계를 넘어선 것이다.

그렇다고 해도, 코어의 법칙들이 세계를 구성하기 위해서는 우주의 **어떤** 시간에서의 상태를 알려주어야 한다. 이 법칙들은 세계를 신의 관점으로 보지 않는다. 신의 관점은 시공간 전체를 하나로, 한꺼번에 본다. 이 법칙들 속에서 작동하는 물질은 바일이 '객관적인 세계'라고 부른 것이 아니며, 단지 세계의 얇은 단면들일 뿐이다.

일반상대성은 시공간을 시간과 공간으로 분리하는 것

이 자연스럽지 않다고 알려준다. 6장에서 더 살펴볼 텐데, 빅뱅 우주론은 우주가 오래전에는 놀라울 정도로 단순했다고 알려준다. 이것들은 사물을 전체로 보는 포괄적인 법칙들을 찾는 데 필요한 커다란 단서이다.

5

물질과 에너지가
풍부하다

앞의 장들에서는 공간과 시간의 풍부함을 탐구했다. 두 경우 모두에서, 우리는 네 가지 근본적인 이해에 도달했다. 첫째, 우주는 어마어마한 풍부함을 품고 있다는 것이다. 둘째, 실제로 이 풍부함의 아주 작은 부분만을 우리가 사용할 수 있다는 것이다. 셋째, 우리에게 주어진 부분만으로도, 사람이 쓰기엔 충분하다는 것이다. 넷째, 우리는 주어진 것을 모두 이용하기에도 아직 멀었다는 것이다. 여전히 성장을 위한 풍부한 여분이 있다.

이 장에서는 물질과 에너지의 풍부함을 탐구하겠다. 여기에서도 우리는 이 네 가지 근본적인 이해에 도달할 것이다.

우주적 에너지의 풍부함

약간의 비교를 통해 우주적 에너지의 크기를 사람의 규모로 알아보자. 성인의 전형적인 영양 섭취량은 매일 2,000칼로리이다. 이것은 대략 100와트 전구를 켤 수 있는 에너지이다. 1년 동안 이 에너지를 계속 사용하면 30억 줄에 해당한다. (에너지 1줄은 정의상 1초에 1와트의 전력을 공급할 수 있으며, 1년은 약 3천만 초이다.) 1년 동안 사람에게 필요한 에너지인 이 양을 1어휴먼AHUMAN(물론, 발음은 'a human'이다)이라고 하자. 이 에너지 중에서 대략 20퍼센트가 뇌 활동에 사용된다.

2020년의 세계 에너지 소비량은 약 1.9×10^{11}, 즉 1,900억 어휴먼이다. 2020년의 세계 인구는 약 75억이므로, 대략 1인당 25어휴먼의 에너지를 사용한 셈이다. 숫자 25는 사용하는 전체 에너지와 자연적인 대사로 사용하는 에너지의 비이다. 이 값은 사람들이 경제적으로 완전히 밑바닥의 생활에서 얼마나 발전했는지 보여주는 객관적인 척도이다. 비교해보자면, 미국인들은 대략 1인당 95어휴먼을 사용한다.

태양에서 나오는 연간 에너지 출력은 1인당 대략 500조 어휴먼을 공급하기에 충분하다. 500조면 25보다는 훨씬 크고, 심지어 95보다도 훨씬 크다는 것을 알아채지 못할 사람은 없을 것이다. 따라서 근본적으로 태양이 내뿜는 에너지의 많은 부분을 수확해서 경제 성장을 이룰 엄청난 여유가 있다.

물론 태양은 이 에너지를 모든 방향으로 방출한다. 더 많은 양을 수확하기 위해서는 상당한 시간과 자원을 투자해서 우주에 거대한 수집 장치를 설치해야 할 것이다. 프리먼 다이슨을 비롯한 여러 사람들은 다이슨 구球라고 부르는 이런 종류의 엔지니어링 프로젝트를 제안했다.

더 겸손하게, 지구로 오는 태양 에너지만 고려해도, 현재 에너지 소비량의 '겨우' 10,000배까지 수확할 수 있다. 이 값이 태양 에너지의 경제적 잠재력을 평가하는 더 현실적인 숫자이다. 분명, 다이슨 구가 없어도 성장을 위한 여유는 **풍부**하다.

여기에서 우리는 태양이 방출하는 에너지를 생각했다. 앞에서 우주를 측량할 때, 우리는 태양이 수많은 별들 중 하나임을 알았다. 이것을 염두에 두면 전체로서의 우주에는 예측 가능한 미래에 사람들이 접근할 수 있는 것보다 훨씬 많은 에너지가 넘쳐난다는 것을 알 수 있다. 그러나 우리는 널리 퍼져 있는 풍부함에서 아주 조금의 표본만을 얻을 수 있다. 이것이 천문학이 하는 모든 것이다. 천문학은 경제를 풍요롭게 하지는 못하지만 우리의 정신을 풍요롭게 한다.

이 비교 논의는 물질과 에너지가 풍부하다는 주장의 객관적인 의미를 알려준다. 우주의 물질과 에너지는 인간만큼이나 복잡하고 역동적인 물체를 만들고 인류가 최대한으로 번성하면서 퍼져나간다는 계획을 실현하기에 충분한 만큼보다 더 많다.*

근본과 인간의 목적

역동적 복잡성

단순 비교를 통해, 인간의 목적에 비추어 우주에 풍부한 에너지가 있음을 보였다. 이제 더 근본적인 관점에서, **왜** 그런지 알아보자.

그렇게 하기 위해 우리는 두 가지 질문을 살펴보아야 한다.

---

* 나는 인간이 실제로 어떻게 나타났는지 역사적으로 기술하지 않았고, 또한 인류의 궁극적인 계획이 무엇인지에 대해서도 말하지 않았다. 이것은 거대한 주제이지만, 이 책의 범위를 벗어난다.

물리적 우주에서 '인간의 목적'을 구현하는 것은 무엇인가?

태양이 내는 에너지에 비해 이 일의 실현에 필요한 에너지는 왜 그렇게 적은가?

처음의 질문은 여러 가지 다른 수준에서 접근할 수 있다. '인간의 목적'을 정확하게 정의하려고 시도한다면, 모호한 형이상학의 깊은 수렁으로 빠져들 위험이 있다. 그러나 사람들이 하는 일에서 본질적인 것이 무엇인지, 인간은 무엇인지에 대해 물리적인 용어로 묻는다면, 여기에서 나오는 답은 질문보다 더 명확할 것이다. 이 수준에서 문제의 핵심은 **역동적 복잡성**이다. 복잡성의 정확한 정의에 대해 과학적인 합의는 없지만, 우리는 "그것을 보면 안다". 다음의 예와 같이 말이다.

- 배우고 생각하기 위해서 우리는 뇌의 연결, 신경전달물질의 분비, 전기 펄스의 패턴을 변화시킨다. 세계를 감지하기 위해서 우리는 선자기 복사(시각), 공기압(청각), 국소적 화학(미각과 후각), 그리고 다른 몇 가지 데이터 흐름의 패턴을 뇌의 공통 화폐로 변환

한다. 세계에서 활동하기 위해서 우리는 근육의 힘을 사용하며, 이것은 궁극적으로 잘 조직화된 단백질 분자들의 동기화된 수축을 바탕으로 한다.

- 사원, 회당, 모스크, 성당을 짓기 위해 사람들은 계획을 짜고, 재료를 모으고, 건설 도구와 기계를 사용하고, 건축가와 예술가들을 고용해서 전에는 존재하지 않던 복잡하고 "자연스럽지 않으며", "영적인" 환경을 창조한다.
- 음악과 의식儀式은 역동적 복잡성의 정화된 표현이다.

이러한 각각의 본질적인 인간 활동들은 그 핵심에서, 시간에 따라 변하는 복잡한 물질적 패턴을 포함한다. 이 패턴은 신경망에서 공기의 진동까지 여러 가지 물질을 이용하며 도구, 상징, 기억, 신호, 지시, 행위자와 같은 다양한 것들을 구현한다. 역동적 복잡성은 이 모든 것들의 배후에 있는 심층 구조이다.

여기 지구, 대부분의 생물학과 인간의 역사에서, 역동적 복잡성이 물리적으로 구현되는 데는 태양의 힘을 이용해서 엄청난 수의 화학결합을 만들고 부수는 과정이 결정적 역할을 한다. 오늘날에는 다른 가능성이 열렸는

데, 뒤에서 설명하겠다. 그러나 여전히 가장 중심적인 방법은 태양의 힘을 이용하는 화학결합의 생성과 파괴이며, 우리는 먼저 이것을 이야기해야 한다.

폭발적 증식이 가능한 구조

원자는 여러 가지 특징을 갖고 있으므로 흥미롭고 뒤얽힌, 따라서 복잡한 창조물을 만드는 탁월한 부품으로 활용된다.

- 원자는 여러 종류의 화학 원소로 구별된다. 같은 원소이기만 하면 모든 원자는 본질적으로 똑같다.* 그러므로 원자는 서로 맞바꿀 수 있는 많은 사본이 있다.
- 원자들은 어마어마한 수가 있다. 전형적인 사람의 몸은 1양(10^{28}) 개의 원자로 이루어져 있는데, 이 숫

- 어떤 원소들은 몇 가지 다른 동위원소를 가진다. 동위원소들은 비슷한 화학적 성질을 갖지만, 핵 속에 들어 있는 중성자의 수가 다르다. 우리는 2장에서 탄소 동위원소 연대 측정을 다룰 때 한 가지 예를 살펴보았다.

자는 관측 가능한 우주 속의 별들보다 더 많다.

- 원자들은 결합해서 더 큰 단위인 분자를 형성하며, 이때 양자론과 전자기 법칙을 따른다. 우리는 원자들이 화학결합으로 합쳐져서 분자를 이룬다고 말한다.

이러한 근본적인 사실이 어떻게 적절한 조건에서, 거대한 규모에서 역동적 복잡성을 얻게 되는지 이해하기 위해서, 두 가지 큰 아이디어를 가져와야 한다. 그것은 조합적 폭발과 임시적 안정성이다.

조합적 폭발의 가장 단순한 형태는 독립적인 선택을 여러 번 거듭하면서 전체 가능성의 수가 폭발적으로 커지는 것이다. 예를 들어 열 가지 수를 아홉 개의 다른 자리에 채운다면 10^9, 즉 10억 가지 조합을 만들 수 있다. 말하자면 000000000, 000000001, 000000002, …, 999999999이다. 10과 9는 아주 작은 수이지만, 10^9은 큰 수이다. 이것이 조합적 폭발의 핵심을 보여준다.

DNA는 당-인산의 긴 사슬을 따라 배열된 빈 자리에 네 가지 염기(구아닌G, 아데닌A, 티민T, 시토신C) 중 하나가 채워지는데, 빈 자리는 수천 개가 훨씬 넘는다. 단백질도 비슷하게, 20가지 아미노산 중에서 하나씩 골라서 정해진 형태의 가변하는 길이의 사슬에 달라붙는다. 이러한 구조는 십진수의 자릿수가 하나 늘어날 때마다 가능한 가짓수가 폭발적으로 늘어나는 것과 정확히 똑같은 방식으로 폭발적으로 늘어난다. 여기에서는 4진법 또는 20진법이 적용된다는 점만 다르다. 따라서 DNA 서열은 정보 저장에 사용되며, 어마어마한 양의 정보를 기록할 수 있다. 그리고 단백질은 생명의 구조와 기능적 구성 단위를 제공하며, 엄청난 가짓수의 단백질이 가능하다. 단백질들은 엄청나게 다양한 크기와 형태로 접혀서, 여러 가지 기계적·전기적 성질을 가진다.

여러 종류의 분자들이 무기물과 유기물의 세계에서 갈라지고 고리를 만들고 엉겨서 막이 되고, 규칙적으로 쌓여서 결정이 되는 등 복잡한 묘기를 펼친다. 이러한 풍부한 가능성에 의해 조합적 폭발 자체가 다시 조합적 폭발을 할 수 있다. 물질 1그램에 10억×10억 개의 원자가 들어 있다는 사실을 안다면, 거대한 규모에서 복잡성을 가능하게 하는 물질이 부족하지 않다는 것이 명확해진다. 윌리엄 블레이크의 "손바닥 안에 무한"이라는 시적인 설명에는 견실한 과학적 기반이 있다.

복잡성의 출현

이러한 물질의 잠재력을 활용하기 위해서는 조작할 수 있어야 한다. 우리는 원자적 빌딩 블록을 마치 레고 벽돌, 주석장난감, 또는 화학 수업에서 원자와 분자 모형을 만드는 구와 막대처럼 쉽게 연결하고 쉽게 분리하고 싶으며, 그 사이에는 가만히 머물게 하고 싶다. 핵심 성질인 **임시적 안정성**은 안정성과 가변성 사이의 좋은 균형을 필요로 한다.

화학자들은 **무엇이 현실적으로 가능한지** 알아내기 위해 연구하고, 생물학자들은 **무엇이 실제로 일어나는지** 알아내기 위해 연구한다. 화학자와 생물학자의 연구는 끝이 정해져 있지 않고, 끝없이 매혹적이다. 나는 그들의 호의와 유머 감각을 기대하며 대담하게 단순화를 시도해보겠다. 내가 여기에서 기술할 것은 합리적으로 단순하게 이해할 수 있는 것으로, 세계가, 구체적으로 지구-태양 체계가 어떻게 '공모'하여 그렇게 섬세한 구조의 물질을 만들어내는가 하는 것이다.

세 가지 결정적인 요인들에 의해 임시적 안정성이 가능해진다. 그것들은 높은 온도, 낮은 온도, 중간 규모의 에너지이다. 높은 온도는 태양 표면의 온도이며, 약 섭씨

6,000도이다. 낮은 온도는 지구 표면의 온도이며, 섭씨 20도 언저리이다. 중간 규모의 에너지는 전형적인 화학결합을 만들거나 깰 수 있는 에너지의 양이며, 이것은 대략 1전자볼트이다.

섭씨 20도 근처의 온도에서 분자들은 기계적으로 유연하지만, 화학결합은 잘 깨지지 않는다. 에너지 공급이 1전자볼트에 도달하는 일이 드물기 때문이다. 반면에, 태양 표면에서 오는 광자는 에너지가 더 커서 1전자볼트가 넘는 일이 잦다. 이것들은 화학결합을 깰 수 있다. 시원하지만 얼어붙을 정도는 아닌 환경과, 넉넉하지 않지만 완전히 차단되지 않는 에너지 공급 덕분에 분자 패턴의 재배열이 가능하지만, 그렇다고 이러한 재배열이 너무 쉽게 일어나지는 않는다. 이런 종류의 임시적 안정성이 바로 지구의 역동적 복잡성에서 우리가 원하는 물리적 특성이다.

역동적 안정성을 위한 풍부한 잠재력과 그것이 어떻게 지구에서 실현되는지 알기 위해, 태양이 어떻게 이런 역할을 할 수 있는지 근본을 바탕으로 이해해야 한다. 그러나 이것을 살펴보기 전에 우리 자신의 역동적 복잡성에 대해 알아보자.

뇌의 기본 단위는 뉴런이다. 뉴런은 대략 1천억, 다시 말해 100,000,000,000, 즉 10^{11}개이다. 1양보다는 훨씬 작지만, 그래도 상상할 수 없을 만큼 큰 수이다. 이것은 대략 우리 은하에 있는 별의 수와 같다.

뉴런은 뛰어난 소형 정보 처리 장치이다. 개별 뉴런은 수많은 연결로 배선되어 있다. 전형적인 뉴런은 수백 또는 수천 개의 뉴런과 연결되어 있다. 우리가 배우는 많은 것들이 이 연결들이 강화되거나 약해지면서 부호화되며, 유용한 패턴은 강화되고 쓸모없는 것은 약화된다. 연결이 가장 크게 증가할 때는 두 살에서 세 살 사이이며, 가장 복잡해질 때는 나중에, 많은 선택적 약화가 일어난 뒤이다.

이만큼 많은 뉴런들이 이만큼 많은 연결로 배선되는 가능한 방법의 수는 정신이 어지러울 정도로 커서, 100해가 훨씬 넘는다. 우리의 머리뼈 속에는 정신이 어지러울 정도의 조합적 폭발이 담겨 있다. 이처럼 상상을 초월하는 큰 수의 뉴런과 상상을 초월할 정도로 뒤얽힌 패턴이 함께 작동해서 놀라운 능력이 나올 수 있다는 것에 충격을 받지 말아야 한다. 월트 휘트먼은 진정으로 많은 것을 담고 있다. 나도 그렇다. 당신도 그렇다.

태울 연료, '천천히'

태양은 핵 연료로 작동한다. 태양은 거대한 핵융합로이다. 태양을 구동하는 핵의 연소 과정은 수소를 헬륨으로 변환하는 것이다. 수소 원자 하나는 양성자 하나와 전자하나로 되어 있다. 헬륨 원자는 양성자 둘, 중성자 둘, 전자 둘로 되어 있다. 태양에서는 연쇄 반응에 의해 수소 원자 네 개가 헬륨 원자 하나와 중성미자 둘이 되면서 에너지가 방출된다.

앞의 장에서 이야기한 중성자 붕괴에 대한 설명을 떠올리면, 당신은 방금 이 책에서 틀린 글자를 보았다고 생각할 것이다. 거기에서 우리는 고립된 중성자가 양성자로 바뀐다는 것을 보았다. 그 붕괴 과정에서 에너지가 방출되는데, 중성자가 양성자보다 조금 더 무겁기 때문이다. 태양의 연소에 대한 설명에서는 반대의 일이 일어난다. 양성자가 중성자로 바뀌는 것이다. 그러나 이것은 틀리지 않았다. 헬륨 핵 속에서 강한 핵력에 의해 양성자와 중성자가 서로 강력하게 끌어당긴다. 분리된 조각들을 한데 모으면 많은 에너지를 얻게 된다. 따라서 양성자가 속**박된** 중성자로 바뀔 수 있고, 그러고도 에너지가 남아서 방출된다.

양성자와 중성자 사이의 변환은 어떤 방향으로 일어나도 약한 핵력이 필요하다. 이것은 중성자 붕괴를 매우 느린 과정으로 만든다. 태양의 핵 연소에서 약한 핵력의 느린 속도는 엄청나게 더 느려진다. 연소 과정에서는 변환이 일어나려면 일단 입자들이 한곳에 모여야 하는데, 입자들이 가까이 모여 있는 순간은 매우 짧기 때문에, 실제로 태양 속에서 양성자가 붕괴하려면 매우 긴 시간이 필요하다. 태양 속의 양성자가 (속박된) 중성자로 바뀌는 데는 평균적으로 몇십억 년씩 걸린다. 따라서 고맙게도 태양의 연료 공급은 앞으로도 몇십억 년 더 지속될 것이다. 반면에 태양 속에는 수소가 어마어마하게 많아서, 이렇게 느리게 타는데도 지금처럼 많은 빛을 내기에 충분하다.

요약: 저것이 그대이니라

이것으로 물리적 근본의 관점에서 역동적 복잡성이 지구에서 나타날 수 있다는 설명이 끝났다. 우리가 이해하는 심오한 물리적 실재 안에서 생물학이, 그리고 궁극적으로 심리학과 경제학이 가능함을 알 수 있다.

네 가지 근본적인 힘이 이 이야기에서 각각 서로 다른,

결정적인 역할을 한다. 중력은 지구가 태양 주위의 궤도에서 멋진 거리를 유지하면서 돌게 하며, 이 거리에서 평형 온도가 역동적 복잡성을 가능하게 한다. 전자기력인 QED는 원자들을 분자로 얽어맨다. 강한 핵력인 QCD는 핵 연소가 가능하도록 인력을 제공한다. 약한 핵력은 핵 연소의 진행을 허용하는 변환을 가능하게 하며, 이것이 천천히 일어나도록 조절한다.

물질의 풍부함의 미래

새로운 곳, 새로운 조각들, 새로운 마음

인간의 목적의 핵심은 화학과 생리학의 세부사항을 통해서가 아니라 역동적 복잡성 속에서 정보의 흐름을 통해 표현된다는 원리는, 마음을 확장시키기도 하고 해방시키기도 한다. 이 원리는 우리에게 지구가 아닌 우주의 다른 곳에서도 마음이 출현할 수 있다고 상상해보라고 유혹하고, 그러한 마음들을 드넓은 마음으로 포용할 준비를 하라고 미리 알려준다.

사람이 잘 살려면 특정한 조건이 필요하다. 여기에는 좁은 범위의 온도, 특정한 분자 혼합비와 독소가 없는 공기, 물과 영양분의 안정적인 공급, 자외선과 우주선 차폐가 포함된다. 이러한 조건들을 모두 갖춘 곳은 지구 표면 근처의 얇은 층 안에 있는데, 우주 전체로는 매우 드물다. 인간이 우주에 나가서 사는 것은 지구에 적응한 신체로는 미칠 듯이 어려운 프로젝트이다.

인간이 직접 나가기보다 인간이 조작하는 정보가 영향을 주는 범위를 확장하는 것이 훨씬 더 쉽고 더 현실성 있는 목표이며, 이것도 못지않게 의미가 있다. 작동기actuator와 탐지기sensor를 만들어 보내서 우리의 의도에 따라 탐험하고 우리와 접촉하도록 할 수 있다.

물질에 대한 우리의 심오한 이해는 대규모의 역동적 복잡성을 생산할 수 있는 여러 방식을 제공하며, 이것들은 화학결합을 만들고 깨는 것과 꽤 다르게 작동할 수 있다. 우리는 전자공학과 광공학photonics으로 화학을 보완하거나 대체할 수도 있다.

디지털 사진은 어떻게 그런 일이 가능한지 보여주는 설득력 있는, 성숙한 예이다. 뛰어난 센서인 전하결합 소자CCD, charge coupled device는 광자에 의해 방출된 전자의 수를 세서 0과 1의 배열로 기록하며, 이것을 미리 정해진 형식으로 부호화한다. 이렇게 영상을 부호화한 정보는 여러 가지 방식으로 처리할 수 있다. 예를 들어 노이즈를 제거하거나, 흥미로운 면을 강조하거나, 사진을 아름답게 꾸밀 수도 있다. 이렇게 처리된 정보를 디스플레이에 보내서 다시 영상으로 나타낼 수도 있다. 이 모든 처리 과정이 전자공학적으로, 컴퓨터 또는 특화된 칩에서 수행될 수 있다. 한때 사진에 낭만과 신비의 아우라를 부여했던 필름, 현상액, 암실은 시간을 많이 잡아먹고 다루기도 어려워서 점차 사라지고 있다.

인간 뇌 속의 연결과 화학을 기반으로 하는 전기 활성의 진화하는 패턴은 역동적 복잡성의 정점이며, 오늘날엔 마음의 정점이다. 그러나 다른 역동적 복잡성의 구현도 점점 더 중요해지고 있으며, 그것을 위한 공간도 점점 더 풍부해고 있다.

현대의 컴퓨터에서는 정보가 원자나 분자 전체가 아니라 전자들의 배열과 재배열에 의해 저장되고 처리된다. 이 과정에 사용되는 에너지는 훨씬 더 줄어들 수 있으며, 처리 속도는 훨씬 빨라질 수 있다. 정보를 표현하기 위해 수십억 또는 수백억 개의 작은 통 속에서 전자 농도의 높고 낮음을 이용할 수 있다(전자 농도가 높으면 전압이 낮아서 '0'으로, 전자 농도가 낮으면 전압이 높아서 '1'로 해석된다). 이런 방식으로 우리는 임시적 안정성을 가진 단위들의 조합적 폭발을 만들 수 있다. 이것은 역동적 복잡성을 위한

다목적 플랫폼이다.

0과 1을 구현하기 위해 전자 농도 대신에 전자 스핀의 방향(위와 아래)을 이용하는 것도 가능하다. 스핀 방향을 조작하는 것은 전하를 이동시키는 것보다 더 섬세한 작업이지만, 원리적으로 이것이 더 빠를 수 있고 에너지도 적게 든다. 또한 전자 대신에 광자를 사용해 광자의 농도(진폭), 색(파장), 스핀(편광)을 모니터링할 수도 있다.

이처럼 화학을 넘어선 수단을 사용하는 역동적 복잡성의 플랫폼은 속력, 크기, 에너지 효율에서 큰 장점이 있어서 양자 세계의 풍부함을 이용하는 도구가 될 가능성이 있다.* 이러한 역동적 복잡성들은 정신이 우주에서 오랫동안 엄청난 규모로 계속 성장하도록 도와줄 수 있다.

---

* 계system에 대한 완전한 양자역학적 기술은 고전적 기술보다 훨씬 더 정교하다. 우리는 이것을 마지막 장에서 더 깊이 탐구할 것이다. 이로 인해 기술적으로 훨씬 더 큰 여유가 주어지지만, 이것은 이상하고 다루기도 힘들다. 양자 정보 기술은 첨단 연구 분야이다.

일은 어떻게 잘못되는가

> 큰 힘에는 큰 책임이 따른다.
>
> —피터 파커(스파이더맨)

우리의 근본이 전체적으로 주는 메시지는 공간이 풍부하고, 시간이 풍부하며, 물질과 에너지도 충분하다는 것이다. 물리적 세계는 우리 인간들에게 이제까지 우리가 성취한 것보다 더 크고, 더 길고, 더 풍부한 것들을 제시한다. 우리가 그 미래를 끝장내버리지 않는다면 말이다.

많은 것들이 잘못될 수 있다. 과거에 전염병이 인류 문명을 유린했고 상당한 후퇴를 일으켰으며, 지진과 화산 폭발도 그랬다. 불행하게도 우주의 부스러기가 지구와 충돌한 탓에 공룡이 멸망했다. 우리는 이 위험들을 완화시킬 수 있고, 그렇게 해야 한다. 이번에는 인간이 초래할 가능성이 있는 두 가지 실패를 간략하게 살펴보면서 이 장을 마무리하겠다. 이것들은 이 책의 주제와도 긴밀히 연관된다.

우리의 태양은 지구에 일정한 비율로 막대한 에너지를 보내고 있으며, 이 에너지는 인류가 현재 사용하는 양보다 훨씬 많다. 태양 에너지의 많은 부분을 포획하는 기술이 빠르게 발전하고 있고, 예측 가능한 미래에 인류의 에너지 공급 문제를 완전히 해결할 수 있다는 것이 거의 확실하다. 우리는 이것으로 더 풍부한 세계 경제를 지속적으로 부양할 수 있을 것이다.

그러나 현재로서는 오래전에 식물들이 수집한 태양 에너지가 저장된 화석 연료인 석탄과 석유를 채굴해서 쓰는 것이 더 쉽고 편리하다. 불행하게도 이 연료들을 대규모로 연소시키면 이산화탄소와 다른 오염물질이 방출되어 대기의 성질이 변화한다. 오염된 대기 때문에 지구로 들어온 태양 에너지가 잘 배출되지 않아서, 지구의 평균 기온이 높아진다. 이것이 인간이 만드는 첫 번째 위기이다.

우리의 자매 행성인 금성은 밤하늘을 장식하는 보석이지만, 지구가 암울한 미래를 맞을 수도 있음을 예고하는 경고등이기도 하다. 금성의 대기에는 이산화탄소가 많아서 태양 에너지를 극단적으로 효율적으로 가둔다. 금성의 표면 온도는 섭씨 460도에 가까워서 납이 녹을 정도이며, 이 정도의 고온에서는 생명 활동에 필요한 복잡한 화학 반응이 일어날 수 없다. 금성은 지구보다 태양에 더 가깝지만, 금성을 지구 궤도에 갖다놓는다고 해도 여전히 온도가 매우 높아서, 대략 섭씨 340도에 이를 것이다. 짧은 시간 동안에 지구 기온이 이 정도까지 올라가지는 않겠지만, 평균 기온이 몇 도만 더 올라가도 급격한, 어쩌면 파국적인 효과가 나타날 것이다. 평균 기온이 올라가면 극지의 얼음이 녹고, 해수면이 상승하며, 대기 중의 습도가 높아지면서 기후 패턴이 사납게 변한다. 또한 온도에 민감한 동식물이 살기 힘들어져서 식량 공급이 위태로워진다.

인간이 만드는 두 번째 위협은 핵 무기이다. 과학자들은 강한 핵력과 약한 핵력을 탐구하면서, 화학적 연소가 아닌 핵의 연소를 바탕으로 하는 뛰어난 새로운 연료를 발견했다. 이것은 새로운 종류의 폭탄을 만들 수 있게 했고, 이 폭탄은 훨씬 더 큰 파괴력을 가진다. 이 폭탄들이 전쟁에 대량으로 사용되면 수억 명이 넘는 사람들이 끔찍하게 죽을 것이며, 문명의 중요한 중심지들이 사람이 살 수 없는 불모지로 변할 것이다. 인류의 발전은 파국적으로 퇴보할 것이며, 어쩌면 회복이 불가능할 것이다.

경제 성장과 과학 지식의 축복은 심각한 위험과 함께 온다. 이 위험들은 피할 수 있다. 위험이 현실화될 것이냐는 열린 질문이다.

Fundamentals

6

우주의 역사는
펼쳐진 책이다

우리의 첫 번째 근본 다섯 가지는 물리적 실재의 기본 성분을 기술한다. 공간, 시간, 장, 법칙, 역동적 복잡성이 그 것이다. 이것들은 '무엇이 있는지' 말한다. 그다음 두 가지는 '어떻게 그렇게 되었는지' 말할 것이다.

사람들은 사람으로 존재하게 된 뒤로 물리적 세계의 기원에 대해 생각해왔다. 인류학자들은 수많은 문화에서 채집한 창조 이야기를 기록했다. 고대의 문헌들도 많은 것을 담고 있는데, 그것들 중 일부는 여러 시대와 장소에서 신성한 권위를 인정받는다. 그러나 물리적 기원의 질문에 접근할 적절한 지적·기술적 도구는 20세기에 와서야 처음으로 사용할 수 있었다.

지난 몇십 년 동안에 우주 역사의 넓은 윤곽에 대해 놀라울 정도로 선명한 그림이 드러났다. 결정적인 돌파구는 은하의 거리와 운동에 관한 허블의 연구였다. 허블은 먼 은하들이 우리로부터 멀어져가고 있으며, 그 속도는 거리에 비례한다는 것을 발견했다. 시간을 되돌려보면 이러한 우주의 팽창은 우주의 물질들이 한때 훨씬 더 촘촘하게 서로 모여 있었고, 그때의 우주는 지금 우리의 주변에 보이는 우주와 상당히 다른 우주였음을 암시한다.

초기 우주는 어떤 모습이었을까? 이 장에서는 세 단계에 걸쳐 이 질문에 접근할 것이다. 첫째, 나는 초기 우주에 대해 빅뱅 이론이라고 흔히 알려진 대담한 추측을 보여줄 것인데, 나는 이것의 **이상한** 단순함을 강조할 것이다. 둘째, 나는 이 추측에서 따라 나오는 우주의 역사를 스케치할 것이다. 마지막으로, 역사가 이렇게 진행될 때 도출되는 관측 가능한 몇 가지 주된 결과들과, 현재 확인된 증거들을 살펴볼 것이다. 이 가설적인 역사가 여러 가지 면에서 성공을 거둔 덕에, 그 출발점이 된 대담한 추측이 옳을 가능성이 높아지고 있다.

그렇긴 하지만, 태초를 살펴볼 때 증거는 희박하고 방정식은 길잡이가 되지 못한다. 이 장의 마지막에서는 실험과 이론 양쪽에서 우주를 더 깊이 들여다볼 수 있게 되리라는 밝은 전망을 살펴보겠다.

범위와 한계

일을 잘하는 방법을 배우려면
그 일을 직접 해봐야 한다.

—무명씨(포춘 쿠키에서)

과학은 '제퍼디!' 게임과 닮았는데, 이 게임에서는 답이
주어지면 바른 질문이 무엇인지 알아내야 한다. 위대한
천문학자 요하네스 케플러는 자신의 저서에서 태양계의
여러 가지 측면을 고려했다. 행성 궤도가 어떤 형태인지,
그 궤도를 따라 운행하는 행성의 속력이 얼마인지에 대
한 그의 질문에는 좋은 답이 있었고,* 오늘날에는 이것을
케플러의 행성 운동 법칙이라고 말한다. 그러나 케플러는
또한 어째서 행성이 여섯 개가 있는지(당시에는 그렇게 생
각했다), 왜 그 행성들이 태양으로부터 그런 거리로 떨어
져 있는지에 대해 궁리했다. 그는 이 주제들에 대해 재미
난 아이디어를 갖고 있었는데, 이것은 음악('천구의 음악')
과 플라톤 입체에서 나왔다. 그러나 이 아이디어들은 결

---

* 여기에서 '좋은' 답이라는 것은 말하기 쉽고, 수학적으로 정밀하며, 관측과 일
  치함을 말한다.

코 좋은 해답이 아니었다. 오늘날의 과학자들은 케플러가 바른 질문을 하지 않고 있었다고 본다. 우리의 근본 법칙들, 그리고 우주에 대한 근본적인 이해에 따르면, 태양계의 크기와 모양은 우주의 우연적인 특징이다. 그 궁극적인 형태는 기체, 암석, 먼지들이 어떻게 붕괴하고 응축되어 오늘날 우리가 보는 태양계가 형성되었는가 하는 세부사항들에 의해 결정되었다. 우리는 우리의 태양계를 우주 속에 있는 많은 태양계들 중 하나로 보고 있다. 다른 태양계에서는 케플러가 설명하려고 했던 것과 다른 행성 수와 행성 배열이 자주 관측된다. 케플러의 시대 이후로 우리의 태양계도 점점 자라나서 천왕성, 해왕성, 소행성, 명왕성과 그 외에도 여러 가지가 추가되었다.

우주의 역사는 원리적으로 엄청나게 넓은 범위에 걸쳐 있다. 지구 안의 생명의 역사, 중국의 역사, 스웨덴의 역사, 미국의 역사, 로큰롤의 역사 등등이 모두 우주의 역사에 포함된다. 그러나 정신이 온전한 사람이라면 물리적 근본을 바탕으로 이런 주제들을 이해할 수 있다고 생각하지는 않을 것이다.

근본을 바탕으로 하는 우주 역사가 제공하는 것은 세 가지이다. 첫째, 초기 우주가 어떠했는지에 대해 대단히 이상하지만 많은 정보를 담고 있는 그럴듯한 설명을 제공한다. 이 설명은 흥미로운 질문에 대한 좋은 대답이며, 놀랍고도 관측 가능한 결과의 풍부한 원천임이 알려졌다. 둘째, 우리가 주변에서 보는 것들의 구조, 예를 들어 우리의 태양계가 어떻게 나타났는지에 대한 폭넓은 시나리오를 제공한다. 셋째, 이것은 흥미로운 새로운 질문을 낳는다. 예를 들어 '암흑물질'은 무엇으로 이루어져 있는지에 대한 질문이 여기에서 나온다.

무슨 일이 일어났나

이상할 만큼 '단순한 시작'

> 모든 것을 최대한 단순하게 만들어야 하지만,
> 더 단순하게 하면 안 된다.
> ─알베르트 아인슈타인

앞에서 보았듯이 허블의 발견은 대략 '우주가 팽창한다'고 말할 수 있는 것으로, 지금 우주가 팽창하고 있다면 그 전에는 어떤 일이 있었는지 살펴보라고 우리를 유혹한다.

이 증거를 볼 때, 우리는 우주적 폭발 이후를 살고 있는 것으로 보인다. 우리가 태초를 이해할 수 있다면, 이러한 이해를 지렛대로 사용해서 나중의 사건들을 알아볼 수 있다.

태초를 재구성하기 위해 가장 먼저 할 수 있는 시도로, "영화를 거꾸로 돌린다"고 상상해볼 수 있다. 이렇게 하기 위해, 우리의 마음속에서 단순히 모든 은하들의 속도를 거꾸로 한 다음에 물리법칙들이 작용하게 한다.* 은하들이 서로를 향해 달려든다. 은하들이 서로 접근함에 따라 은하들은 중력에 의해 서로를 끌어당기기 시작하고, 가속된 운동이 에너지를 방출한다. 물질들이 뒤섞이고 가열된다. 온도가 올라간다. 원자가 전자를 잃고, 빠르게 움직이는 전하들은 미친 듯이 복사를 내뿜는다.

빽빽하게 뭉쳐진, 빠르게 움직이는 양성자와 중성자들이 쿼크와 글루온의 수프로 들끓는다. 마침내, 앞에서 힘들게 살펴보았던 근본적인 상호작용이 전면에 나선다. 높은 에너지에서는 특히 점근적 자유성에 의해 많은 것들이 단순해져서, 강한 상호작용의 엄청난 복잡함이 사라진

---

* 이런 시도를 할 수 있는 이유는 시간을 거꾸로 돌려도 근본적인 물리법칙은 똑같기 때문이다. 이것은 거의 옳지만 완전히 옳지는 않다. 왜 그럴까? 이 질문에는 거대한 미스터리가 숨어 있으며, 9장에서 더 알아볼 것이다.

다. 근본의 관점에서 보면 극단적인 고밀도에 극고온의 물질은 도리어 이해하기 쉽다.

　그러나 이러한 과거의 재구성을 받아들이기 전에, 우리는 **커다란** 개념적 문제에 직면한다. 우주의 역사에 결정적인 영향을 주는 이 문제는 다음과 같다. 내가 방금 스케치한 단순한 그림은 우주적 팽창을 반대로 돌린 것이며, 이것은 절망적으로 불안정하다. 물질들이 서로에게 달려들 때 우리가 기대해야 하는 것은 항성, 행성, 기체 구름, 다른 모든 것들이 합쳐져서, 저항할 수 없는 중력의 끌림으로 거대한 블랙홀을 이루게 된다는 것이다. 사실, 중력을 제외한 다른 상호작용들은, 고밀도 고에너지의 물질들이 뜨겁고 균일한 기체 상태가 되기를 원한다. 이것이 상호작용들이 선호하는 평형이며, 이러한 평형을 강화하는 방향으로 물질을 몰고 간다. 그러나 중력은 균일성을 싫어한다. 중력은 물질들이 덩어리를 이루기를 원하며, 일반적으로 중력은 밀도가 매우 높은 물질을 뭉쳐서 블랙홀을 이루려고 한다. 우리가 이미 알고 있는 것을 모른다고 하고 정직하게 우주적 영화를 뒤로 돌리면, 우리는 중력이 이기리라고 '예측'할 것이다. 초기 우주에 거대한 블랙홀들이 생겨나고, 이 블랙홀들이 서로 달려들어서 더 큰 블랙홀로 합쳐진다고 할 것이다. 그러나 초기 우주가 정말로 그랬다면, 영화를 다시 앞으로 돌렸을 때 이 우주에서는 본질적으로 모든 물질이 블랙홀에 묶여 있게 될 것이다. 큰 블랙홀에 빠지고 나면 빠져나오기는 쉽지 않다!

우리가 실제로 관찰하는 우주는 이 예측과 다르다. 우리가 관측하는 우주는, 은하 간 규모로 평균했을 때 놀라울 정도로 균일하다. 충분히 거대한 공간을 표본으로 한다면, 하늘을 볼 때마다 우리는 똑같은 종류의 은하들이 똑같은 밀도로 분포되어 있음을 발견할 것이다. 이것은 허블의 또 다른 선구적인 발견이다. 중력은 물체들을 균일하지 않게 하는 경향이 있으므로, 오늘날 거대 규모에서 균일성이 관측된다는 사실은 더 오래 전에는 우주가 훨씬 더 균일했음을 암시한다. 이것이 의미하는 바는, 거꾸로 감는 영화로 볼 때 물질이 '딱 그렇게' 섬세하게 조율된 채로 질서정연하게 모여서 중력에 의해 덩어리로 뭉치는 일은 일어나지 않는다는 것이다.

초기의 빅뱅 이론은 내가 원래 스케치했던 순진한 그림을 그대로 사용했고, 초기 우주를 뜨겁고 균일한 기체 덩어리로 취급했다. 내가 안정성의 우려를 제기하기 전까지 빅뱅 이론은 단순히 이 문제를 무시하고 있었을 뿐이다. 따라서 빅뱅 이론은 근본적으로 두 가지 반대되는 아이디어의 기이한 혼종이다. 빅뱅 이론은 중력을 제외한 모든 상호작용에 대해서는 완전한 **평형**을 가정하지만, 중력에 대해서는 최대의 **비평형**을 가정한다. 허블이 발견한 팽창하는 우주에서 시간을 거꾸로 돌리는 것은 전자를 암시하고, 허블의 또 다른 발견인 거의 균일한 우주에서 시간을 거꾸로 돌리는 것은 후자를 암시한다. 빅뱅 이론에서 우리는 양쪽의 제안을 모두 따라간다.

팽창하는 불덩어리

그러므로 우리는 매우 뜨겁고 균일한 기체에서 출발한다. 또한 우리는 공간이 평평하고,* (일반상대성에 따라) 휠 수 있다고 가정한다. 물리적 우주론의 첫 번째 초안에 대해서는 **이것이 우리가 알아야 하는 모든 것이다.**

뜨거운 기체의 성분들은 매우 빠르게 움직이면서 활발하게 상호작용을 일으켜서 동역학적 균형에 이르는데, 이것을 열 평형이라고 부른다. 빅뱅 직후는 극고온의 열 평형 상태였을 것으로 추측된다. 열 평형이 특히 중요한데, 열 평형 상태에서 많은 일들이 일어날 수 있고, 일어나기 때문이다. 많은 종류의 입자들, 광자, 글루온, 쿼크, 반쿼크, 중성미자, 반중성미자 등이 만들어지고 파괴된다(또는

---

* 이것은 부록에서 더 자세히 설명한다.

복사되고 흡수된다고 말해도 좋다). 평형에서는 이 모든 것들이 존재하며 그 비율을 예측할 수 있다. H. G. 웰스는 열 평형의 특징에 대해 기억할 만한 말을 남겼다. "모든 것이 가능하다면, 아무것도 흥미롭지 않다." 극고온의 열 평형에서는 모든 종류의 기본 입자들이 완전히 예측 가능한 혼합물을 이룬다.

극고온 조건의 또 다른 특징은 구조가 유지될 수 없다는 것이다. 분자는 원자로 쪼개지고, 원자는 전자와 핵으로 쪼개지며, 핵은 쿼크와 글루온으로 쪼개지고 등등이다. 짧게 말해서, 모든 것들이 근본으로 내려가게 된다.

이렇게 해서 알려진 출발점은 근본적인 성분들의 예측 가능한 혼합물이다. 여기에 근본 법칙에 대한 지식을 적용해서 그다음에 무슨 일이 일어날지 예측할 수 있다. 결과는 단순하다. 모든 곳에 존재하는 태초의 불덩어리가 그 자신의 압력으로 팽창하면서 중력에 거슬러 일을 하면서 냉각된다.

불덩어리가 식으면서 두 가지 특별히 주목할 만한 일이 일어난다. 먼저, 어떤 반응들이 점점 줄어들다가 완전히 멈춘다. 그 결과로 잔광이 생겨난다. 예를 들어 온도가 충분히 떨어지고 나면, 불덩어리 속에서 광자들과 다른 물질들 사이에 활발하게 일어나던 상호작용이 멈춘다. 쉽게 말해 하늘이 맑아지며, 그렇게 해서 빛이 오늘날처럼 거의 자유롭게 우주의 이쪽 끝에서 저쪽 끝까지 날아다니게 된다. 이것이 우주배경복사, 즉 우주를 채우는 잔광이다.

다른 결과는 입자들이 서로 달라붙기 시작한다는 것이다. 쿼크들이 합쳐져서 양성자와 중성자가 되고, 전자가 핵에 묶이고 등등이다. 이러한 방식으로, 우리가 아는 형태의 물질이 형성되기 시작한다.

이것이 우주 역사에 대한 우리의 첫 번째 초안이다.

어떻게 아는가

> 과거는 결코 죽지 않는다.
> 과거는 지나가지도 않았다.
>
> —윌리엄 포크너

우주의 과거는 결코 죽지 않는다. 과거는 흔적을 남기며, 우리는 오늘날 그 흔적을 관찰할 수 있다. 우주의 과거는 지나가버리지도 않았다. 빛의 속도가 유한하기 때문에, 멀리에서 오는 빛이 우리에게 과거를 가져다준다.

초기 우주에서 어떤 일이 일어났는지 재구성하는 것은 범죄를 재구성하는 것과 비슷하다. 우리는 증거를 조사하고, 사건의 이론을 만들고, 일치하는 증거를 찾는다. 놀라운 것이 발견되면 우리는 이론을 더 정교하게 다듬거나 변경한다.

우주의 인구조사

더 좋은 망원경과 카메라, 더 강력한 데이터 처리 방법 덕분에 천문학자들은 에드윈 허블이 할 수 있었던 것보다 훨씬 더 깊고 강력하게 우주를 탐구할 수 있게 되었다. 허블의 연구는 빅뱅을 으뜸 용의자로 만들었다. 천문학자들의 연구는 이것을 확신하게 했다.

앞에서 말했듯이 허블은 멀리 있는 은하들이 우리에게서 멀어져가며, 그 속도는 거리에 비례한다는 것을 발견했다. 시간을 되감으면, 이 관계는 빅뱅을 암시한다. 이것은 정확히 근처의 은하들에 대해 성립하지만, 가장 먼 은하에서도 똑같이 성립하리라고 기대할 수 없다. 먼 은하들은 거리에 비례하는 속도에 의해 동시에 하나로 모이지 않는다. 그 이유는 (반대로 돌리고 있는 우리의 영화에서) 중력이 개입해서 운동을 변경하기 때문이다. 빅뱅에서 시작해서 우주의 팽창 속도가 어떻게 변하는지 예측할 수 있다. 이 예측을 은하들의 적색편이와 거리 관계의 해석에 반영해서, 그 결과를 관측값과 비교할 수 있다. 이것이 통했다.*

이 팽창에서 시간을 반대로 돌려서, 흔히 '우주의 나이'라고 부르는 것을 결정한다. 이것은 우주가 지금보다 훨씬 더 뜨겁고 조밀하고 균일한 곳이었던 때로부터 지금까지의 시간을 말한다. 더 느슨하게 말하면, 빅뱅이 일어나고 나서 지나간 시간이다. 빅뱅 직후에는 별과 은하들이 모여 있을 수 없었다. 그러나 우리는 언제 그러한 구조들이 형성되기 시작했는지 추정할 수 있다. 또한 2장에서 보았듯이, 방사능과 별의 진화 이론을 이용하는 상당히 다른 방법으로 몇몇 매우 오래된 물체들의 나이를 추정할 수 있다. 우주의 나이를 추정하는 여러 가지 방법에서 나온 결과들은 서로 꽤 잘 일치한다. 짧게 말해서 우주는 그 속에 있는 가장 오래된 물체들과 대략 비슷하게 오래되었다. 당연히 그래야 한다.

남아 있는 불
태초의 불덩어리가 충분히 식어서 처음으로 투명해졌을

• 다른 모든 증거와 일관된 그림으로 맞아들어간다는 것이다.

때 남은 잔광의 광자가 1964년에 아노 펜지어스와 로버트 윌슨에 의해 발견되었다. 지금 이 광자들은 매우 큰 적색편이에 의해 주로 마이크로파 영역(전자레인지에 사용되는 것과 같은 종류의 전자기파)에 있다. 이것들은 이른바 우주배경복사CMB, cosmic microwave background를 형성한다. CMB는 초기 우주의 스냅샷이며, 보이지 않는 '빛'으로 하늘 전체에 퍼져 있다. 빅뱅 이론은 우주배경복사의 존재를 예측할 뿐만 아니라 그 구성의 세부에 대해 많은 것을 알려주며, 진동수에 따른 복사의 세기를 알려주기도 한다. 여기에서도 관측이 예측과 일치한다.

유물

타오르는 불의 공에는 쿼크, 반쿼크, 글루온이 들어 있고, 냉각되면서 이 입자들이 서로 달라붙어서 양성자, 중성자, 그리고 다른 원자핵을 만든다. 빅뱅 모형으로 이 핵들이 나타나는 비율을 계산할 수 있다. 빅뱅에서 나오는 잠재적인 핵 물질의 압도적인 다수가 보통의 수소(^{1}H—따로 떨어져 있는 양성자)와 헬륨(^{4}He—양성자 둘과 중성자 둘)이 된다는 것이 밝혀졌다. 또한 중수소(^{2}H—수소 동위원소 중의 하나로, 양성자 하나와 중성자 하나), 삼중수소(^{3}H—수소의 동위원소 중 하나로, 양성자 하나와 중성자 둘), 헬륨3(^{3}He—헬류의 동위원소 중 하나로, 양성자 둘과 중성자 하나), 리튬(^{7}Li — 양성자 셋과 중성자 넷)도 적은 비율로 생겨난다. 이러한 동위원소들이 모두 예측된 비율대로 존재한다는 것이 분광학의 기법을 이용해서 탐지되었다.[*]

다른 종류의 핵들은 모두 우주 역사의 훨씬 나중 단계에 별 속에서 만들어진다. 이 핵들의 비율을 관찰하고 이해하는 것도 흥미롭고 놀랍지만, 근본과 직접 관련된 주제는 아니다.

우주 역사의 미래

인플레이션

위에서 강조했듯이, 빅뱅 이론은 심히 이상하다. 실제로 빅뱅 이론에서는 출발점이 불안정하다고 가정하고, 초기 우주의 물질들이 극단적으로 정교하게(구체적으로는 균일하게) 조율되어 있다고 가정하는데, 이것은 중력 때문에

---

[*]   여기에서 주의해야 할 것은 별 속에서의 핵 연소이다. 앞에서 알아본 대로 별 속에서 약한 핵력의 연금술에 의해 원자핵이 변환된다. 별에서 나온 물질들을 포함하면 이 비율이 달라진다.

생기는 불안정성을 피하기 위한 것이다.

게다가 또 다른 이상한 특징이 있지만, 이것을 자세히 설명하면 이야기가 너무 복잡해지기 때문에 여기에서는 간략하게 언급만 하고 지나갈 것이다.* 빅뱅 이론은 공간이 유클리드적이라고, 또는 '평평'하다고 가정한다. 공간적 평평함은 아인슈타인의 일반상대성과 조화되지만, 일반상대성에서 반드시 필요하지는 않다. 상대성은 휜 공간에도 잘 대응할 수 있다. 자연이 왜 휜 공간을 이용하지 않는지에 대해서는 따로 설명해야 한다.

나의 MIT 동료 앨런 구스가 이 문제들을 우아하게 해결하는 뛰어난 아이디어를 내놓았다. 그는 우주가 초기에 엄청나게 빠르게 팽창했다고 제안했고, 이것을 '인플레이션'이라고 불렀다.

인플레이션이 어떻게 이 문제를 해결하는지 이해하기는 쉽다. 우주가 인플레이션을 하면 물질의 불균일성이 해소되고, 팽창하면서 곡률이 사라진다.**

그런데 인플레이션이 진짜로 일어났을까? 나는 그렇다고 생각하고 싶지만, 이것이 어떻게 일어났는지에 대해

---

* 부록에서 설명한다.
** 둥근 풍선을 지구 크기만큼 불면, 표면이 훨씬 더 평평해 보인다.

더 구체적인 아이디어가 있으면 좋고, 또한 거기에 맞는 더 구체적인 증거가 있으면 좋을 것이다.

인플레이션은 우리가 오늘날 알고 있는 근본 법칙의 결과가 **아니다.** 인플레이션이 일어나기 위해서는 또 다른 힘과 장이 필요하다. 안드레이 린데와 폴 스타인하트가 이런 일을 할 수 있는 힘과 장을 제안했지만, 이것들을 지지하는 독립적인 증거는 없다. 좋은 인플레이션 모형이 있으면 기본 아이디어를 더 엄밀하게 검증할 수 있고, 새로운 결과를 끌어낼 수 있을 것이다. 아직까지 그런 모형은 없다. 새로운 발견의 기회가 여기에 있다.

더 멀리 거슬러 올라가기

우주배경복사는 빅뱅의 잔광이며, 이것을 통해 우리는 우주의 초기 모습을 직접 들여다볼 수 있다. 앞에서 말했듯이 우주배경복사는 태초의 불덩어리가 식어서 처음으로 투명해졌을 때 있었던 광자들에서 나온다. 빅뱅 이후 대략 380,000년 뒤에 이런 일이 일어났다. 이것은 빅뱅 후 13,800,000,000년이라는 우주 나이를 생각하면 아주 이른 시기이지만, 더 이른 시기에도 많은 매력적인 사건들이 일어났다. 우리는 그때 일어난 일에 대해서도 알아보고 싶다.

이것을 탐구하는 일은 쉽지 않지만, 분명히 이 시기를

들여다볼 수 있는 가능성도 있다. 예를 들어, 우리를 둘러 싸고 있는 잔광은 최소한 두 가지가 있는데, 이 잔광들의 기원은 우주배경복사의 기원과 비슷하다. 그것들은 중성 미자와 중력자*로 구성되어 있다.

중성미자는 다른 종류의 물질과 약하게 상호작용하며, 중력자는 더 약하게 상호작용하므로, 태초의 불덩어리는 광자에 대해서 투명해지기 훨씬 전에 중성미자와 중력자 에 대해 투명해진다. 그 결과로 중성미자와 중력자의 잔 광은 우주배경복사보다 훨씬 더 오래 전의 메시지를 가 지고 있다. 특히 중력자는 빅뱅 직후에 1초보다 훨씬 짧 은 시간이 경과한 뒤의 사건을 볼 수 있게 해준다. 여기에 서 놀라운 것들이 드러날 수 있다. 중력자 기반의 스냅샷 은 지구상의 실험실에서 만들 수 있는 환경 또는 오늘날 의 우주에서 나타날 수 있는 어떤 환경보다 더 극단적인 고온의 상황에서 일어났던 일을 보여줄 수 있다. 예를 들 어, 우리는 우주에서 인플레이션이 일어나는 동안에 빠르 게 움직이는 물질이 내뿜는 중력 복사의 폭발을 보게 될 수도 있다.

---

* 오늘날의 기술로는 개별적인 중력자를 탐지할 수 없고, 하늘을 가득 채우는 많은 중력자의 누적적인 효과를 찾아내는 것이 현실적이다.

중력자와 중성미자 같은 이색적인 잔광을 관찰하는 것이 매력적인 이유는, 이 입자들이 다른 물질과 매우 약하게 상호작용하기 때문이다. 그러므로 이것들을 탐지하기 위해서는 지금보다 훨씬 더 민감한 안테나와 망원경이 필요하다. 이 안테나와 망원경들은 광자를 보기 위해 개발된 것과 거의 닮지 않았을 것이다. 이런 기술을 실현하기 위해서는 뛰어난 창의력이 필요하다.

'암흑물질'이 바로 이러한 잔광일 수 있다. 나와 동료들 대부분은 그럴 거라고 생각한다. 더 구체적으로, 나는 액시온의 잔광이 암흑물질일 수 있다고 생각한다. 이렇게 생각하는 이유를 9장에서 더 자세히 살펴보겠다.

태초

빅뱅에 접근함에 따라 우리의 시각으로는 아무것도 알 수 없게 되므로, 확신을 가지고 '가장 처음'이라는 말을 쓸 수 없다. 이 개념은 오도된 것, 또는 무의미한 것일 수 있다. 성 아우구스티누스는 《고백록》에서 빛나는 제안을 했는데, 나는 이것이 올바른 방향이 아닐까 하고 생각한다. 어떤 교구 주민이 아우구스티누스에게 물었다. "신은 우주를 창조하기 전에 무엇을 하고 있었습니까?" 아우구스티누스는 "너무 많은 질문을 하는 사람들을 위해 지옥을 만들고 있었다"고 대답하고 싶었다고 기록했다. 하지만 그는 그의 교구민과 자기 자신, 그리고 신을 존중했던 까닭에 그렇게 답하지 않았다. 대신 그는 이 문제에 대해 깊이 생각했고, 대답을 구하기 위해 기도했다. 이것은 그의 머릿속을 떠나지 않으며 시간에 대한 더 깊은 성찰로 그를 끌어들였다.

아우구스티누스는 시간의 본질에 대해 2장에서 우리가 내린 결론과 아주 비슷한 결론에 도달했다. 기본적으로 그는 시간이란 시계가 재는 것이며, 더도 덜도 아니라고 결론을 내렸다. 이 생각에서 그는 교구민의 질문에 대한 더 좋은 대답을 얻었다. 아우구스티누스는 이렇게 추론했다. 신이 세계를 창조하기 전에는 시계가 없었고, 따라서 시간도 없었으며, '전에' 같은 것도 없었다. 그러므로 "신이 우주를 창조하기 전에 무슨 일이 일어났는가?"라는 질문은 자세히 생각해보면 의미가 없다.

아우구스티누스의 대답의 핵심은 현대의 물리학적 우주론의 언어로 번역되어 살아남았다. 어떤 것도 우주의 기원에 앞서지 못한다. 이 맥락에서 시간(즉 시계가 재는 그 무엇)은 의미를 갖지 않기 때문이다.

7

복잡성이 창발한다

물리적 세계는 복잡하다. 열대우림, 인터넷, 윌리엄 셰익스피어 선집이 모두 그 속에 들어 있다. 그러나 우리의 근본은 몇 가지 성분들, 몇 가지 법칙들, 이상할 만큼 단순한 기원에서 이 모든 것이 구축된다고 약속한다.

여기에서 도전적인 질문이 나온다. 복잡성은 근본적으로 어떻게 창발하는가? 이 장에서는 이 질문을 탐구한다. 이 장의 결론 부분에서는 우주적 복잡성의 장기적 전망을 이야기하고, 복잡성이 어떻게 우주의 심오한 단순성과 함께 존재할 수 있는지에 대해 살펴보겠다.

우주는 어떻게 흥미로워지는가

중력의 완강함

> 있는 자는 받을 것이요 없는 자는
> 그 있는 것까지도 빼앗기리라.
>
> —마가복음 4장 25절

> 무릇 있는 자는 받아 풍족하게 되고
> 없는 자는 그 있는 것까지 빼앗기리라.
>
> —마태복음 25장 29절

위의 인용문들은 '마태 효과'라고 부르는 것을 설명하는데, 마가복음이 거의 확실히 더 오래되었는데도 이런 이름이 붙었다. 거칠게 말해서 "부자는 더 부유해지고 가난한 자는 더 가난해진다"는 뜻이다.

우주에서 복잡성이 나타나는 가장 중요한 이유인 중력 불안정성은 일종의 마태 효과이다. 우주에서 밀도가 큰 영역에서는 더 강력한 인력이 작용해서 더 많은 물질이 모이고, 따라서 더 밀도가 커진다. 반면에 밀도가 작은 영역은 평균적으로 경쟁에서 밀려서, 점점 더 텅 비게 된다.

이런 방식으로, 시간이 지남에 따라 밀도 차이가 더 커진다. 작은 차이가 더 큰 차이로 진화한다. 이것이 중력 불안정성이다.

빅뱅에서 최대한 많은 것을 알아내기 위해, 우리는 태초의 물질 분포가 완벽하게 균일했다는 가정을 개선해야 한다. 완벽한 균일함에 약간의 변이를 주기만 하면 된다. 이 변이가 중력 불안정성에 의해 증폭되기 때문이다.

다행히도, 빅뱅 이후 380,000년 뒤 우주의 모습을 우주배경복사를 통해 들여다볼 수 있다. 우주배경복사는 매우 균일하지만 완전히 균일하지는 않고, 방향에 따라 10만 분의 1쯤 차이가 난다. 이것은 당시의 물질 밀도가 10만 분의 1 정도로 불균일했다는 것을 가리킨다. 이토록 미세한 불균일성을 탐지해낸 것은 실험 기술의 승리였다. 존 매더와 조지 스무트가 이 주제에 대한 선구적인 연구로 2006년에 노벨상을 받았다.

이 작은 씨앗이 중력 불안정성에 의해 시간이 지날수록 커진다. 계산에 따르면, 이것들은 주어진 시간 동안에 은하와 별처럼 우리가 보고 있는 우주 구조로 진화하기에 충분한 밀도 차이로 커지기에 딱 맞는 크기이다.

초기 우주의 물질은 왜 그렇게 상당히 균일하며, 그러면서도 더 균일하지는 않은가? 우리는 확실히 알지 못하지만, 여러분과 공유하고 싶은 아름다운 가능성이 있다. 우주적 인플레이션 이론이 이 완벽한 균일성에 대한 개념적 설명을 제시한다. 그러나 양자장을 사용해서 근본 물리학의 체계 안에서 이 이론을 구현하려고 하면, 이것이 꽤 잘 맞지 않는다는 것을 알게 된다. 양자장에는 양자역학적인 불확정성이 들어 있어서, 비슷하게는 될 수 있지만 완벽한 균일성을 만들지 못한다. 따라서 잘 조절된 인플레이션이 일어났다면 초기 우주의 양자 불확정성에 의해 오늘날 우리가 관찰하는 구조가 형성된다고 볼 여지가 있다.

끝나지 않은 물질의 진화

앞에서 네 번째 근본을 논하면서, 지구에서 역동적 복잡성이 유지되려면 태양 속의 핵 연소가 반드시 필요하다는 것을 알았다. 다행히도 태양은 여전히 진화하고 있다. 태양은 아직 평형에 도달하지 않았다. 그러나 빅뱅 이론에 따르면 우주의 물질은 열 평형에서 시작했다. 태양의 물질은 어떻게 평형에서 벗어났을까?

어떤 일들이 일어났는지 추적해보자. 우주의 불덩어리가 팽창하면서 식었다. 열 평형이 유지되려면 상호작용이 계속 일어나야 했지만, 불덩어리가 점점 약해지다가 마침내 열 평형이 깨지기 시작했다.

앞에서 말했던 우주배경복사와 여타 잠재적인 잔광들이 존재한다는 것은 평형이 깨졌다는 것을 의미한다. 이제 광자(또는 중성미자, 중력자, 액시온)들이 매우 드물게 상호작용을 하게 된다.

중요한 점은, 빅뱅이 일어난 초기에는 핵 연소가 일어날 수 없다는 것이다. 팽창 초기에는 양성자들이 모여 있지 않으므로 결합할 기회가 없고, 훨씬 나중에 태양과 별 속에서 양성자들이 서로 가까이 있게 된 뒤에야 핵 **연소가 가능**해졌다. 빅뱅에서 나온 연소 가능한 핵 혼합물은 빅뱅의 또 다른 잔광이다.

민감성: 현실의 가지 뻗기

주사위 던지기나 볼링과 같은 여러 가지 놀이와 스포츠에서 입력과 출력을 확실하게 연결할 수 있다면, 돈을 따기는 쉽겠지만 재미가 없을 것이다. 연습만 충분히 하면 주사위 두 개를 한꺼번에 던졌을 때 언제나 7을 얻을 수 있고, 볼링에서도 언제나 스트라이크가 되도록 볼을 굴릴 수 있다면 말이다. 현실에서는 이것이 불가능한데 근육의 운동, 손의 습기, 구르는 표면의 먼지, 또는 여러 작은 효과들이 결과를 바꿀 수 있기 때문이다. 짧게 말해서, 최종 결과는 본질적으로 예측이나 통제가 불가능한 수많은 작은 요인들에 민감하게 의존하기 때문이다.

이와 비슷하게, 중력 불안정성이 작용해서 물질이 덩어리를 이룰 때, 궁극적으로 어떤 특별한 장소에서 이 덩어리가 생길지는 수많은 입자들의 출발 위치와 속도에 민감하게 의존한다. 계산에 따르면 처음에 기체 덩어리에서 아주 미묘한 차이만 있어도 항성과 행성들의 배치가 급격하게 달라질 수 있다. 몇몇 입자들의 출발 위치가 살짝만 바뀌어도 행성의 수, 또는 항성의 수까지 바뀔 수 있다.

이 계산이 관찰로 입증되고 있다. 천문학자들은 오래전부터 여러 별들이 쌍성계를 이루는 것을 관찰했다. 최근에는 태양계 밖의 다른 별 주위에 있는 외계행성에 관한 연구가 활발하게 이루어지고 있다. 천문학자들이 크고 작은 행성들을 발견했고, 이 행성들이 항성 주위에 다양하게 배치된 것을 관찰하고 있다.

태양계의 초기 역사가 **아주** 조금만 달라졌어도 공룡을 멸종시킨 소행성은 지구를 비켜 갔을 것이다.

따라서 몇 가지 성분, 몇 가지 법칙, 그리고 이상할 만큼 단순한 기원이 넓은 범위의 체계와 우주 역사를 아우르는 흐름을 지배하지만, 이것만으로는 좁은 범위의 풍부하고 세밀한 것들을 예측할 힘이 없다. 세계는 나무와 같아서, 단순한 성장 법칙들에 따라 많은 가지를 뻗는다. 가지들마다 모두 조금씩 달라서, 서로 다른 새와 곤충에게 알맞은 안식처가 된다.

말하자면, 스웨덴의 역사가 우주의 역사보다 더 복잡한 것은 모순이 아니다. 참으로, 우리의 근본이 이 사실을 예측한다.

우주적 복잡성의 미래

열 사멸과 그 대책

우주의 장기적 미래는 음울해 보인다. 은하들은 서로에게서 계속 멀어지고, 항성들의 핵 연료가 떨어지고, 마이크로파 배경복사는 적색편이에 의해 미약한 전파로 바뀐다. 빅뱅 우주론과 팽창 우주가 나오기 전에도, 우주론을 연구하는 사람들은 우주의 '열 사멸'을 염려했다. 우주가 어떤 종류의 평형에 도달하는 것은 불가피해 보이고, 그 뒤로는 어떤 흥미로운 일도 일어나지 않는다는 것이다.

여기에 대답할 첫 번째 말은, 이것이 당장의 근심거리는 아니라는 것이다. 우리의 태양은 적어도 몇십억 년 동안 활동을 유지할 것이고, 우리 은하의 어디에선가 별들이 계속 태어나고 있으며, 많은 별들[M형 항성(우리 은하의 주계열성 중 90퍼센트가 이 유형의 별이며, 적색왜성이라고 부르기도 한다―옮긴이)]이 태양보다 훨씬 더 오래 열을 제공할 것이다.

아직은 여유 시간이 넉넉하기 때문에, 창조적인 엔지니어들이 풍부한 가용 자원으로 대책을 만들어낼 가능성을 과소평가할 이유가 없다. 인공적으로 건설한 별 주위의 다이슨 구는 에너지 절약 기술과 함께, 별들의 자연 수명보다 훨씬 오랫동안 지적인 생명체를 지탱해줄 수 있다.

특별히 좋은 소식은, 정신이 아주 적은 에너지로 또는 에너지 없이 작동할 수 있다는 것이다. 양자컴퓨터는 차갑고 어두울 때 가장 잘 작동하며, 이런 환경에서는 양자컴퓨터의 섬세한 작동을 망칠 수 있는 요인이 전혀 없다. 이런 종류의 충분히 복잡한 시간 결정time crystal*이 정교

* 시간 결정은 자발적으로 안정된 행동의 순환을 이루는 물리적 체계이다. 나는 이 개념을 2012년에 제안했고, 그때 이후로 이론과 실험 양쪽에서 많은 흥미로운 예들이 발견되었다.

한 프로그램을 계속 반복해서 실행할 수 있고, 여기에 담겨 있는 인공지능에게 즐거움을 줄 수 있다.

마지막으로, 우주에 대한 우리의 과학적 이해가 아직도 불완전하며, 계속 발전하고 있다는 것을 기억해야 한다. 우리의 근본 하나하나에 대한 최선의 생각이 지난 몇백 년 사이에 급격하게 변해왔다. '죽은' 별을 더 태워서 별의 질량에 담겨 있는 막대한 에너지(별에 들어 있는 핵의 $E = mc^2$ 에너지)를 사용 가능한 형태로 방출시킬 수 있을까?[*] 우리가 빅뱅 같은 것을 다시 창조해서 아기 우주를 만들 수 있을까? '암흑물질'을 에너지원으로 사용할 수 있을까?[**] 진정으로 우리는 모른다. 물론 인류에게 유익한 다른 놀라운 사건이 일어날 수도 있다. 과학과 기술의 역사에서 몇십억 년은 긴 시간이다.

---

[*] 우리가 앞에서 논의한 대로, 통일 이론은 양성자가 불안정할 수 있다고 하며, 또한 양성자 붕괴에 필요한 뛰어난 '촉매'가 있다고 제안한다. 이른바 자기홀극이거나 어쩌면 우주 끈일 수도 있다. 따라서 이 추측은 완전히 근거가 없지는 않다.

[**] 원리적으로는 액시온이 연소할 수 있지만, 이런 방식으로 만드는 에너지는 태양에 비하면 애처로울 정도로 작다. 따라서 이것은 마지막 선택이 되어야 한다.

단순성 속의 복잡성

> 우주(다른 이들은 도서관이라고 부른다)는
> 확정되지 않은, 어쩌면 무한한 수의
> 육각형 방으로 되어 있고, 그 사이에 거대한
> 통풍관들이 지나가고, 방들은 아주 낮은
> 난간으로 둘러싸여 있다.
>
> ─호르헤 루이스 보르헤스

여기에서 나는 셰익스피어의 작품 전부, 페르마의 마지막 정리에 대한 적어도 한 가지 증명, 2025년에 노벨 물리학상을 받을 논문을 작성할 수 있는 단순한 알고리듬을 제시하겠다.

1. 아스키ASCII 문자(문자, 수, 공백, 구두점) 하나를 무작위로 선택한다.
2. 기록한다.
3. 반복한다.

그 결과는 내가 약속한 모든 것을 담고 있고, (훨씬) 더 많은 것을 담고 있을 것이다.

보르헤스의 〈바벨의 도서관〉은 비슷한 생각을 시적으

로 표현하고 있다. 우리의 프로그램은 '바벨의 도서관'도 만들어낼 것이다.

이 과감한 사고 실험은 매우 단순한, 다시 말해 쉽게 기술할 수 있는 구조가 어떻게 그 속에 광대한 복잡성을 담을 수 있는지 설명해준다.

우리의 사고 실험은 실재를 반영할 수 있다. 양자역학적인 파동함수는 방대한 정보를 담고 있다. 우주처럼 큰 것의 파동함수는 '바벨의 도서관'을 수월하게 담을 수 있다. 단순한 규칙들이 큰 용량의 파동함수를 만들 수 있다. 이것은 우리의 단순한 알고리듬이 용량이 큰 결과를 만드는 것과 같다.

이런 생각들을 하나로 묶으면, 우주의 파동함수가 단순한 규칙에 의해 생성되며, 그 규칙은 아직 발견되지 않았다고 생각하고 싶어지기도 한다. 만약 그렇다면 우리가 경험하고 우리가 속해 있는 우주는 '복잡성의 창발'이 최고로 구현된 것이라고 볼 수 있다.

8

더 봐야 할 것이 많다

내가 어렸을 때에는 어린아이로서 말하고,
생각하고, 궁리했다. 그러나 다 자란 다음에는
어린아이의 일을 버렸다. 우리가 지금은
거울로 보는 것처럼 희미하나,
그때가 되면 모든 것을 완전하고 명료하게
보게 되리라. 내가 지금 아는 것은 부분적이고
불완전하지만, 그때에는 모든 것을 완전하게
알게 되리라.

—사도 바울, 고린도전서 13장 11-12절

오래전부터 몇몇 몽상가들은 세계에 우리의 감각으로 알
수 있는 것보다 훨씬 더 많은 것이 있으리라고 생각했고,
이 생각은 사람들을 매료시켰다.

　사도 바울은 위의 글에서 사물을 보이는 대로 받아들

여서 아이들이 구성하는 세계와, 모호하게나마 더 많은 것이 있으리라는 사려 깊은 어른의 직관을 대조시키면서, 우리는 눈부신 진실을 향해 가야 한다고 말한다.

플라톤의 동굴의 비유에서 소크라테스는 친구 글라우콘에게 이상한 감옥에 대해 이야기한다. 사람들이 어두운 동굴에 갇혀서 살고 있고, 그들이 볼 수 있는 광경은 벽에 비친 꼭두각시놀음뿐이다. 사람들은 자기가 보는 것이 실재의 전부라고 믿고 있다. 글라우콘은 이렇게 말한다. "선생님이 말씀하신 것은 이상한 죄수들이 겪는 이상한 상황입니다." 소크라테스는 이렇게 대답한다. "그들이 바로 우리들 인간이라네."

윌리엄 블레이크는《천국과 지옥의 결혼》의 한 구절에서 이렇게 말한다. "지각의 문을 깨끗이 하고 나면, 모든 것이 있는 그대로 사람들에게 드러날 것이며, 무한이 드러날 것이다."

과학은 물리적 세계를 설명하며, 관측할 수 있는 것들의 목록을 알려준다. 이 목록에 따르면, 앞에서 등장한 몽상가들이 옳았다. 과학은 물리적 실재 전체에 비해 인간의 자연적인 지각이 얼마나 빈곤한지를 드러낸다. 과학은 우리의 결점을 극복하도록 도와준다. 많은 것들이 이루어졌지만, 아직 이루어지지 않은 것들이 훨씬 더 많다.

지각의 문 열기

많은 동물들은 사람과 다른 감각의 우주에 산다. 우리는 그들과 물리적 세계를 공유하지만 우리가 경험하는 세계는 꽤 다르며, 지적인 수준뿐만 아니라 말단의 감각 수준에서도 다르다.

개와 같은 포유 동물들은 냄새가 지배하는 평행 우주에 산다. 개의 코는 정교한 화학 실험실과 같아서, 코로 들어오는 분자들을 3억 개의 수용기로 분석한다. 이에 비해 사람의 후각 수용기는 600만 개뿐이다. 개는 뇌의 많은 부분(대략 20퍼센트)을 사용해서 냄새에 관련된 정보를 처리하는 반면, 사람은 1퍼센트쯤을 사용한다.

박쥐는 빛이 없는 어둠 속에서 진동수가 매우 높은 소리(초음파)를 내보내서, 되돌아오는 (초)음파를 분석하면서 날아다닌다. 인간의 귀는 초음파를 듣지 못한다. 사람은 소리를 이용해서 방향을 찾는 일에 서투른데, 인간이 들을 수 있는 소리의 파장이 너무 길기 때문이다. 사람들은 대체로 귀에 들리는 소리가 어디에서 오는지 잘 감지하지 못한다.

거미는 다른 종류의 감각을 이용한다. 거미줄은 먹이를 잡는 덫일 뿐만 아니라 신호 장치 역할도 한다. 거미줄의 진동으로 먹잇감이 걸렸는지 알 수 있고, 그 먹이가 어디에 있는지도 알 수 있다.

시각은 사람에게 외부 세계로 열려 있는 가장 중요한 정보 창구이다. 사람의 뇌는 시각 정보를 수집하고 처리하기 위하여 많은 부분(계산하는 방식*에 따라 20에서 50퍼센트)을 사용한다. 시각을 위해 이렇게 많은 자원을 할당하면서도, 우리는 외부 세계의 아주 작은 부분만을 표본으로 취할 수 있다. 인간의 시각은 전자기파를 사용한다. 시각은 동공으로 들어오는 전자기파만을 이용할 수 있고, 그것도 350에서 700나노미터(대략 100만분의 1미터의 절반)의 좁은 영역의 파장에 대해서만 민감하다. 이것이 '가시광선'이다. 이 영역에서도 사람의 시각은 모든 파장의 적절한 스펙트럼을 얻지 못한다. 대신에 세 종류의 원뿔세포**가 각각 다른 파장 영역을 넓게 감지해서 색에 대

---

* 예를 들어, 뇌에는 여러 감각을 통합해서 처리하는 영역이 있기 때문에 불분명하다.

** 이례적인 색 지각이 여러 가지 있는데, 여기엔 '색맹'이라는 잘못된 이름이 붙었으며, 아주 드물지는 않다. 사람의 95퍼센트는 개인들 사이의 변이가 아주 적은 세 종류의 원뿔세포만 있기 때문에 비슷한 색 시각을 가지고 있다. 유전학 이론에 따르면, 아버지의 여자 형제가 모두 가장 흔한 형태의 색각이상이고 어머니도 그럴 경우에 그 자식은 네 종류의 원뿔세포를 가질 수 있다고 한다. 이런 사람은 정상보다 더 뛰어난 색 시각을 가질 수 있다. 그러나 내

한 정보를 처리한다. 또한 막대세포는 넓은 파장 영역을 감지해서 주변부 시야와 야간 시각을 담당한다. 뱀을 포함한 여러 파충류들은 적외선을 감지할 수 있고, 벌과 새는 자외선을 감지할 수 있다. 새는 가시광선 스펙트럼을 분석하는 데 매우 뛰어나다. 새들의 시각을 이루는 수용기 세포에는 기름 방울이 있어서 여러 파장 영역을 감지할 수 있다. 이상하게도, 갯가재로 알려진 갑각류목*은 자연에 존재하는 최고의 분광학자이다. 갯가재는 종에 따라 열둘에서 열아홉 종류의 색 수용기를 가지는 반면에, 사람에게는 네 종류뿐이다. 새는 적외선에서 자외선까지 모든 영역을 잘 감지할 수 있고, 편광도 감지할 수 있다(사람은 할 수 없다).

우리의 조상들도 현대에 사는 우리와 다른 감각의 우주에 살았다. 안경, 거울, 확대경(그리고 더 발전된 형태인 현미경과 망원경), 인공 조명, 손전등, 시계, 화재경보기, 온도계, 기압계 등 우리의 지각을 여러 방향으로 풍부하게 해주는 장치들이 없는 세계는 상상하기 어렵다. 그러나 인간은 대부분의 역사 동안에 이러한 보조 도구가 없는 세

가 아는 한, 이런 사례의 직접적인 증거는 놀라울 정도로 드물다.
* '목'은 여러 종들의 모임이다. 알려진 갯가재의 종은 450가지가 넘는다.

계에서 살아왔다.

기술은 이미 우리에게 엄청난 힘을 주었고, 시각은 무제한으로 확장된다. 전자기파의 수신기와 발생기는 가시광선 영역의 안과 밖에서 모두 작아지고 값도 싸지고 있다. 자기장 센서, 초음파 발생기와 수신기, 여러 종류의 화학적 식별 장치들('화학적인 코')도 마찬가지다. 지각의 문이 활짝 열렸고, 생활의 일부가 되고 있다.

힘들게 얻은 계시

우리의 지각을 확장하는 프로젝트 중에는 과학과 기술의 여러 분야에서 엄청난 역량을 요구하는 것들이 있다. 이러한 프로젝트의 목적은 새로운 방식으로 자연에게 물어보면서 거대한 질문에 접근하는 것이다. 여기에서 얻게 될 새로운 지각은 예측 가능한 미래에 일상생활의 일부가 되지는 못할 것이다. 그러나 사람들은 단순히 궁금하기 때문에 이러한 연구에 열정적으로 매달린다.

여기에서는 최근에 세계에 대한 지각을 확장한 두 가지 대형 프로젝트를 간략하게 설명하겠다. 이것들은 **계획된 발견**의 예이며, 우리는 자연에게 날카롭게 벼려진 질문을 던지고 답을 구한다. 각각의 경우에 왜 이런 질문을 해야 하는지, 왜 이런 탐구를 하고 싶어 하는지, 이 탐구를 어떻게 했는지 설명하겠다.

이러한 프로젝트에서는 지식의 경계를 확장하기 위해 우리가 할 줄 아는 바*를 극단까지 밀고 간다. 따라서 이것은 우리의 근본적인 이해에 대한 스트레스 테스트이다.

힉스 입자

왜 찾는가, 무엇을 찾는가

행성 또는 달이 얼음으로 뒤덮여 있고, 그 아래에 넓은 바다가 있다고 하자. 말하자면 목성의 위성 유로파와 같은 행성이다. 그 바다에서 똑똑한 물고기 종이 진화했다고 하자. 이 종은 매우 지적이어서, 운동의 물리학에 대해 생각한다. 물속 물체들의 운동은 복잡하므로, 그들의 연구에서 여러 가지 흥미로운 관찰과 어림 법칙들이 나왔지만, 정합적인 체계가 없었다. 그러던 어느 날 천재 물고기가 나타났는데, 그를 물고기 뉴턴이라고 하자. 물고기 뉴

---

* 다시 말해, 우리가 할 줄 안다고 우리가 **생각하는** 것.

턴이 훨씬 단순한 운동 법칙을 내놓는데, 이것이 뉴턴의 법칙이다. 이 법칙은 이전의 규칙보다 훨씬 단순하지만, 실제로 물체가 움직이는 방식(말하자면, 물속에서)을 설명하지 않는다. 물고기 뉴턴은 어떤 매질이 공간을 채우고 있다고 가정하면, 이 새롭고 단순한 법칙에서 관찰된 운동이 나온다고 말한다. 그의 가설적인 물질, 이것을 물이라고 부르는데, 이것이 물체의 행동에 영향을 준다. 물고기 뉴턴의 아이디어는 관찰되는 실재의 복잡성과 그 뒤에 있는 더 근본적인 단순성을 조화시킨다.

아 사랑이여! 그대와 나는 운명의 장난으로
사물 전체의 유감스러운 음모를 알아내기 위해
조각으로 부수고―그런 다음에
심장의 욕망에 더 가깝게 다시 주조하지 않겠는가!
　　　　　　　　　　　　　　　　　　―오마르 카이얌

사물의 외관이 실망스럽거나 조화롭지 못할 때 우리는 물고기 뉴턴처럼 더 나은 세계를 상상하고, 그 속에서 우리의 세계를 구축하려고 노력한다. 현대의 물리학자들이 약한 핵력을 이해하려고 노력할 때도 이런 전략을 사용했다.

약한 핵력을 복잡하게 하는 매질을 힉스 응축체Higgs condensate라고 부른다. 이 이론에 중요한 공헌을 한 스코틀랜드의 물리학자 피터 힉스의 이름을 붙였다.* 이것은 물고기 뉴턴처럼 더 아름다운 방정식을 얻기 위해 이론적으로 도입된 것이다.

힉스 응축체를 이해하고 나면 약한 핵력의 이론을 강한 핵력이나 전자기력 이론과 아주 비슷하게 구성할 수 있다. 상상의 세계에서, 글루온 비슷한(광자와도 비슷한 것으로, W와 Z 보손이다) 입자들에 의해 매개되는 약한 핵력이 두 가지 새로운 종류의 전하를 변화시키고 반응한다. 이 새로운 종류의 전하(약한 전하 A와 약한 전하 B라고 하자)는 양자색역학의 색전하나 양자전기역학의 전기적 전하와 비슷하지만 완전히 구별된다. 약한 핵력이 A형 전하 한 단위를 B형 전하 한 단위로 바꾸거나 그 반대로 바꿀 수 있으며, 이런 일을 할 수 있는 것은 약한 핵력뿐이다. 더 높은 수준에서 이해할 때, 이것이 변환을 일으키는 약한 핵력의 본질이다.

---

* 다른 많은 학자들이 이 이론에 공헌했다. 이 이론의 창조에는 복잡한 이야기가 얽혀 있지만, 이 자리가 말할 곳도 아니고 내가 이 이야기를 하기에 적합한 학자도 아니다.

힉스 응축체를 끌어들이는 이유는, 우리가 관찰하는 세계에서 W와 Z 보손의 질량이 글루온이나 광자와 달리 0이 아니기 때문이다. 이 유비를 완성해서 다른 기본적인 힘들과 같은 정도로 아름다운 방정식을 얻으려면, W와 Z 보손이 느려지게 하는 매질을 도입해야 한다.

1960년대에 이러한 매질 기반의 약한 핵력 이론이 형성되었다. 1970년대 내내 이 이론을 지지하는 실험적 증거가 축적되었고, 마침내 아주 많아졌다. 그러나 커다란 질문 하나가 대답되지 않은 채 남아 있었다. 가장 중요한 이 질문은 다음과 같다. 모든 곳에 존재하는 매질, 즉 힉스 응축체는 무엇으로 이루어져 있는가?

사람들은 이 질문에 대해 많은 추측을 내놓았다. 어떤 물리학자들은 이것이 몇 가지 다른 입자들로 이루어졌다고 생각했고, 새로운 힘 또는 공간의 새로운 차원을 도입하기도 했다. 그러나 가장 단순하고 가장 급진적이면서도 보수적인 가능성은, 이것이 단일한 새 입자인 힉스 입자에 의해 만들어진다는 것이었다. 그리고 이제 자연이 가장 단순한 방식을 따르는지 확인해야 했다.

어떻게 찾는가

힉스 응축체가 단 한 가지 성분으로 되어 있다면, 우리는 이 성분에 대해 많은 이야기를 할 수 있다. 대략 말해서 힉스 입자가 응축체의 덩어리라면, 유일한 질문은 이 덩어리가 얼마나 큰가 하는 것이다. 따라서 질량을 알기만 하면 힉스 입자의 모든 성질과 행동을 예측할 수 있다. 이 환영할 만한 성질은 실험가들이 무엇을 찾아야 하는지, 그것을 발견한다면 어떻게 확인할 것인지에 대해 꽤 확실한 아이디어를 갖고 힉스 사냥 전략을 짤 수 있다는 뜻이다.

'힉스 입자 발견'을 위해서 당신은 두 가지를 해야 한다. 힉스 입자를 조금 만들어야 하고, 그것이 존재한다는 희미한 증거를 잡아야 한다. 두 단계가 모두 엄청난 과제이다. 무거운 기본 입자를 만들려면 많은 에너지를 아주 작은 부피 속에 집중시켜야 한다. 이 일은 고에너지 가속기 안에서 이루어진다. 가속기로 빠르게 운동하는 양성자(또는 다른 입자*)를 과녁 물질에 충돌시키거나, 양성자들

---

* 전자, 반전자, 반양성자, 광자, 여러 가지 원자핵, 심지어 중성미자와 반중성미자의 빔이 여러 가지 실험을 위해 고에너지 가속기에서 사용되었다. 힉스 입자는 두 개의 양성자 빔을 충돌시켜서 발견했다.

끼리 서로 충돌시킨다. 2012년 이전까지 점점 더 큰 에너지를 집중시키면서 힉스 입자를 탐색했지만 결과를 얻지 못했다. 지금 당시를 되돌아보는 우리는 단순히 에너지가 충분하지 않았다는 것을 알고 있다. 결국에는 대형 강입자 충돌기LHC, Large Hadron Collider가 해냈다.

LHC는 원형 지하 터널로 둘레가 27킬로미터이며, 프랑스와 스위스 접경의 전원 지역 지하에 있다. LHC가 작동하면 두 개의 좁은 양성자 빔이 터널에 설치된 파이프 속에서 서로 반대 방향으로 달린다. 빛의 속력에 가깝게 달리면서 양성자들은 1초에 11,000바퀴를 돈다.

두 빔은 네 점에서 교차한다. 양성자들 중에서 작은 비율만 충돌하지만, 그래도 초당 10억 회에 가까운 충돌이 일어난다. 이 모든 에너지가 집중되어 힉스 입자를 만든다.

그다음으로 할 일은 힉스 입자를 탐지하는 것이다. 장치들이 빽빽하게 들어찬 거대한 탐지기들이 교차점들을 둘러싼다. 그것들 중 하나인 ATLAS 탐지기는 크기가 파르테논 신전의 두 배가 넘는다. 이 탐지기는 충돌에서 나오는 입자들의 에너지, 전하, 질량, 운동 방향을 추적한다. 그리고 세계 각지에 흩어져 있는 수천 대의 슈퍼컴퓨터로 이루어진 네트워크에 1년에 2,500만 기가바이트의 정보가 전송된다.

이렇게 수집된 모든 정보가 필요한 이유는 다음과 같다.

- 사건들이 복잡하다. 사건 하나에 열 개 또는 그 이상의 입자 흐름이 나온다.
- 사건들 중에서 극소수에서(대략 10억 번에 한 번) 힉스 입자가 만들어진다.
- 힉스 입자가 만들어져도, 오래 지속되지 않는다. 힉스 입자의 수명은 약 10^{-22}초이다. 이것은 1초를 1조 등분한 다음에 다시 100억 등분한 것과 같다.
- 힉스 입자가 짧은 시간 존재하는 사건이 매우 드물게 일어나지만, 그 사건 안에는 다른 것도 많이 들어 있다.

짧게 말해서 힉스 입자를 발견하고 싶으면, 세계의 나머지 부분을 아주 잘 이해하고 감시해야 할 **뿐 아니라,** 힉스 입자가 잠시 존재했다는 증거를 확실히 잡아야 한다. 그렇지 않으면 가짜 증거에 빠질 것이다.

2012년 7월 4일에 힉스 입자가 발견되었다는 발표가 있었다. 고에너지 광자 쌍이 평소보다 많이 검출된 것이 결정적인 증거였다. 힉스 입자가 붕괴할 때 광자 쌍들이 생성된다는 것이 알려져 있었는데, 그날 초과 검출된 광자 쌍은 힉스 입자의 붕괴가 아닌 다른 원인으로는 설명할 수 없을 정도로 많았다.[*] 그때 이후로, 힉스 입자가 붕괴할 때 나올 수 있는 다른 여러 가지 신호들도 탐지되었다. 이 신호들의 비율은 이론적인 예측과 일치한다.

힉스 입자를 '봄으로써' 우리는 지각을 확장한다. 우리는 격렬하게 교란될 때만 자연이 짧은 시간 동안 아주 드물게 보여주는 행동을 자세히 들여다본다. 지각이 있는 인간의 정신에게는 공간이 다시는 텅 비어 보이지 않을 것이다. 물고기 뉴턴과 피터 힉스가 해냈다.

중력파

왜 찾는가, 무엇을 찾는가

일반상대성의 시인 존 휠러가 했던 말을 다시 보자. "시

---

[*] 다른 과정에서도 광자 쌍이 많이 만들어지지만, 특정한 에너지와 운동량을 가진 광자 쌍만을 힉스 붕괴에서 나왔다고 인정할 수 있다. 해당하는 에너지와 운동량을 가진 광자 쌍을 포함할 때와 뺄 때의 광자 쌍의 생성 비율을 비교해서, 다시 말해 공명이 있을 때와 없을 때를 비교해서, '초과'인지 아니지 판단한다.

공간은 물질에게 어떻게 움직일지 알려주고, 물질은 시공간에게 어떻게 휠지 알려준다." 휠러의 요약은 알기 쉽지만 오해하기도 쉽고, 불완전하다. 그러므로 여기에 중요한 한마디를 덧붙여야 한다. **시공간도 물질의 한 형태이다.**

더 구체적으로 말하면, 시공간의 곡률이 전적으로 다른 무엇에 의해(즉, 물질에 의해) 지배된다고 생각하는 것은 틀렸다. 시공간을 휘려면 에너지가 필요하고, 에너지가 시공간을 휘게 한다. 이러한 방식으로 곡률 자체가 그 자신의 생성에 참여한다. 짧게 말해서 시공간에는 그 자체의 생명이 있다.

우리는 이 노래를 이미 들은 적이 있다. 패러데이의 장 개념, 더 정확히 말해서 장 개념을 수학적으로 표현한 맥스웰 방정식에서 나온 찬란한 승리의 개가는 전자기파의 발견이었다. 전자기장은 파동에 의해 그 자체의 생명이 있다. 변화하는 전기장은 변화하는 자기장을 만들며, 변화하는 자기장은 변화하는 전기장을 만든다. 변화하는 전기장은 다시 변화하는 자기장을 만들며, 이렇게 번갈아가며 무한히 계속된다. 스스로 유지되는 장의 교란이 공간 속에서 이동한다. 이 교란이 적절한 파장으로 주기적으로 반복되면, 우리는 이것을 빛으로 보게 된다. 우리는 또한 그런 목적으로 설계된 전파 수신기나 마이크로파 접시 안테나와 같은 탐지기를 사용하여 다른 파장을 '보는' 방법도 배웠다.

비슷한 방식으로, 중력을 부호화하는 아인슈타인의 곡률 장curvature field에서도 스스로 유지되는 교란이 일어날 수 있다. 어떤 방향으로 시공간이 휘어지면 계속해서 다른 휘어짐이 발생하며, 이것을 중력파라고 부른다.

중력파 방정식은 전자기파를 지배하는 방정식과 매우 닮았지만 기호의 해석은 다르다.* 파동을 일으키는 원천의 종류도 다르다. 전자기파는 움직이는 전하가 일으키고, 중력파는 움직이는 질량이 일으킨다.

전자기파와 중력파는 정성적으로 유사하지만 정량적으로는 큰 차이가 있다. 이러한 정량적 차이가 나타나는 이유는, 일반상대성에 따르면 시공간이 극단적으로 뻣뻣하기 때문이다. 너무나 뻣뻣하기 때문에, 많은 양의 물질이 빠르게 움직여도 시공간은 아주 조금만 흔들린다. 이것은 좋은 소식이기도 하고 나쁜 소식이기도 하다.

좋은 소식은, 중력파를 탐지한다는 것은 우주에서 가장 난폭하고 가장 흥미로운 사건에서 오는 메시지만 받는다

---

* 두 파동이 공유하는 한 가지 특징은, 중력파도 빛의 속도로 달린다는 것이다.

는 것이다. 중력파는 우주에서 일어나는 아주 특별한 사건들만 인지하는 새로운 방법이 될 수 있다.

레이저 간섭계 중력파 검출기LIGO는 엄청나게 큰 사건들의 탐지를 염두에 두고 설계되었다. 두 블랙홀, 두 중성자별, 또는 블랙홀과 중성자별이 서로를 빙빙 돌다가 결국 합쳐지는 순간의 폭발을 이 장치로 탐지할 수 있다. 이 천체들은 중력 복사로 에너지를 방출하면서 궤도가 붕괴된다. 두 천체가 서로 천천히 가까워지다가 점점 가속되어 마지막의 짧은 순간에는 특별히 빨라진다. 이때가 되어서야 탐지 가능한 복사의 폭발이 일어난다.

나쁜 소식은 중력파를 탐지하기는 어렵다는 것이다.

어떻게 보는가

LIGO의 기본 개념은 1967년에 라이너 바이스가 발표한 논문에서 출발했다. 중력파를 탐지할 정도의 민감도에 도달하기 위해서는 많은 기술적 혁신이 필요했다. 중력파의 관측에 최초로 성공한 것은 거의 50년 뒤의 일이었다. 바이스는 LIGO 연구로 2017년에 킵 손, 배리 배리시와 함께 노벨상을 받았다.

LIGO가 어떻게 중력파를 탐지하는지 보기 위해, 세 물체가 거대한 (가상의) L 형태로 늘어서 있다고 하자. 중력파가 지나가면 공간 자체가 뒤틀리고, 따라서 세 물체들 사이의 거리가 시간에 따라 변한다. L의 팔들의 길이를 비교할 방법이 있으면 우리는 이 효과를 알아볼 수 있다. 이것이 중력파의 결정적인 증거이다.

그러나 대략의 계산만으로도 이 효과를 측정하기가 얼마나 어려운지 알 수 있다. 이 변화의 크기는 10^{-21} 또는 1조분의 1의 10억분의 1에 불과하다. 대부분의 물리학자들은 이렇게 작은 효과는 탐지할 수 없다고 생각했다. 그러나 라이너 바이스와 그의 동료들은 새로운 아이디어와 기발한 방법을 생각해냈다. 그들은 거울을 기준 물체로 삼았다. 거울들을 L 형태의 배치로 멀리 떨어뜨려 놓고*, 각각의 팔을 가로질러서 빛을 여러 번 왔다갔다 하게 한다. 표준적인 기술(간섭 측정법interferometry)을 이용해서 빛의 경로를 파장의 몇분의 1의 정확도로 비교할 수 있다. 이것들을 하나로 엮어서 파장과 길게 확장한 팔의 아주 작은 비로 10의 −21제곱이라는 정밀도에 도달할 수 있다.

이런 방법으로 거울의 상대 운동을 섬세하고 민감하게 탐지하는 장치를 만들 수 있다. 이제 남은 일은 중력파를

---

* 결국 몇 킬로미터가 되었다.

제외하고 거울 사이의 거리를 변화시킬 만한 다른 모든 요인들을 분리하는 것이다.

물론 고려해야 할 것이 한두 가지가 아니다. LIGO 그룹의 계획 문서와 발견에 관한 논문에는 그들이 지켜야 했던 주의사항과 점검해야 했던 일관성의 모든 항목들이 상세하게 설명되어 있다. 여기에서 나는 가장 심각한 것 하나만 언급하겠다. 실험을 할 때 미약한 지진, 나쁜 날씨, 지나가는 트럭과 같은 요인들 때문에 일어나는 땅의 진동은 피할 수 없다. 이러한 진동의 효과를 억제하기 위해, 거울을 사중극자四重極子, quadruple 진자 위에 띄워놓고 능동 진동 제거 기술active feedback로 안정화시킨다. 엔지니어링의 보배인 이 기술은 충격 흡수와 소음 제거의 예술을 새로운 수준으로 올려놓았다.

원하지 않는 모든 진동을 차단하고 나서도 감지되는 진동이 있다면, 그것이 진짜로 중력파에 의한 진동인지 확인해야 한다. 중력파에 의한 진동에는 어떤 특별한 성질이 있을 것으로 예측되는데, 진짜 신호를 확인할 때 이런 성질을 이용한다. 가장 기본적인 성질은, 진짜 중력파 신호는 빛의 속력으로 전달되는 교란과 같은 일관된 방식으로 멀리 떨어진 두 탐지기를 차례로 자극하리란 사실이다. 블랙홀과 중성자별이 합쳐질 때 일어나는 진동과, 그 진동에서 생겨나는 중력파의 형태를 이론적으로 추적하여 시간의 함수로 나타낼 수 있다. 이 결과를 이용하면 중력파 신호를 더 자세하게 확인할 수 있다.

최초의 성공적인 중력파 관측은 2015년 9월 18일에 이루어졌다. 이 관측은 두 블랙홀이 합쳐질 때 일어나는 복사의 폭발에서 예측된 것과 일치했다. 이때 탐지된 중력파는 13억 광년 떨어진 곳에서 질량이 태양의 20~30배 정도인 두 블랙홀이 합쳐지면서 생겨난 것으로 추정된다.

그때 이후로 15회 이상의 사건이 탐지되었다. 특히 흥미로운 것은 2017년 8월 17일의 관측이다. 이 관측에서 탐지된 신호는 두 중성자별이 합쳐질 때 나올 수 있는 형태와 일치했다. 천문학자들도 전자기 스펙트럼의 여러 영역에서 신호를 관측해서 이 사건을 확인했다. 관측된 신호에는 감마선 폭발과 가시광선의 잔광도 포함되어 있었다. 이렇게 해서 새로운 '멀티 메신저' 천문학이 출발했고, 이것은 멀리에서 일어나는 이상한 사건에 대해 풍부한 정보를 제공해준다.

지각의 미래

감각중추의 재배치

> 들어봐. 이웃에 좋은 우주가 아주 많아.
> 어서 가자고.
>
> —e. e. 커밍스

'환상 손phantom hand'은 놀라운 경험이다. 이 경험을 할 수 있는 실험은 다음과 같이 진행된다. 한 사람이 오른손을 눈에 보이지 않게 칸막이 뒤로 감추고, 가짜 손을 눈앞에 둔다. 보이지 않는 진짜 손과 보이는 가짜 손을 다른 사람이 똑같은 방식으로 건드린다. 진짜 손과 가짜 손을 계속 만지다 보면, 대개 1분이 채 못 되어서, 손을 건드리는 감각이 진짜 손이 아니라 눈앞에 있는 가짜 손에서 오는 것으로 느껴진다. 이와 연관된 환각 연구의 선구자 다이앤 로저스-라마찬드란과 빌라야누르 라마찬드란은 그 심오한 함의에 대해 주의를 기울일 필요가 있다고 말했다.

　우리는 모두 우리의 존재에 대해 어떤 가정을 하면서

살아간다. … 의문의 여지가 없는 한 가지는, 자아가 내 몸속에 있다는 것이다. 그러나 적절한 자극을 몇 초만 주어도, 나의 존재에 대한 공리적 기초마저도 잠시 버려질 수 있다.

몇 년 전에 나는 한 시간쯤 동시에 두 곳에 있었다. 매사추세츠주 케임브리지에 있는 내 집에 앉아서, 동시에 스웨덴 고센버그에서 열린 회의에 참석했다. 이것은 환상의 손을 몸 전체로 구현하는 체험이었다. 나는 조이스틱으로 원격 조종하는 로봇의 '눈'과 '귀'를 통해 그 세계를 보고 들었다. 나는 또한 사람들과 함께 '걸어 다녔고', 그들은 나를 대신하는 로봇의 일부인 화면을 통해 나의 표정을 보았다. 나는 짧은 강연을 했고, 무대를 걸어 다니면서 청중들의 반응을 보았고, 패널 토론에 참여했고, 커피 타임을 함께했다.

처음에 시스템을 조작하는 방법을 배우면서, 나는 이 인위적인 상황에 어색한 느낌이 들었다. 그러나 30분쯤 지나자 자연스럽게 적응되어서 더 이상은 의식적으로 주의를 기울이지 않아도 되었고, 내가 진짜로 고센버그에 있다고 느끼게 되었다. 그러면서도 마음 한구석에서는 내가 케임브리지에서 컴퓨터 화면 앞에 앉아 있다는 것을 의식하고 있었다. 나의 의식이 확장되었고, 나를 대신하는 로봇이 나의 확장된 자아였다.

내가 사용했던 시스템은 조잡한 것이었다. 누구도 원격 접속 장치를 사람의 몸이라고 생각하지 않을 것이다. 고무로 만든 가짜 손을 살아 있는 진짜 손으로 생각하지 않는 것과 마찬가지이다. 그러나 이것은 압도적인 경험이었다. 미래에는 더 정교한 원격 접속 장치를 사용하고, 반대편에서는 몰입감이 높은 가상현실 피드백이 마음과 더 깊이 통합되어서 우리의 감각을 몸 밖으로 더 멀리 확장할 것이다.

양자 지각과 자기 지각

> 내 생각으로는, 양자역학을 이해하는 사람은
> 아무도 없다고 자신있게 말할 수 있다.
> —리처드 파인먼

> 실제로 풀어보지 않고도
> 해의 성질을 내다볼 수 있을 때,
> 나는 방정식을 이해했다고 생각한다.
> —폴 디랙

인간의 자연적인 지각은 양자역학을 알아보기에 적합하지 않다. 양자 세계에서는 여러 가지 가능한 배치와 행동이 공존한다. 우리가 이 세계를 볼 때는 그 여러 가지 중에서 하나만을 보게 된다. 그리고 우리는 어느 것을 보게될지 미리 알지 못한다. 어떤 단일한 세트의 지각(다시 말해, 관찰)도 양자계의 상태를 제대로 보여주지 못한다.*

이에 반해 인간의 자연적 지각은 3차원 공간에 얼마간 확정된 위치를 가지면서 얼마간 예측 가능한 성질을 띤 물체들로 이루어진 세계의 표상을 만들어내는 최고의 성취를 이루었다. 이것은 일상생활을 영위해나가는 데 매우 유용한 정보이고, 우리는 이것을 힘들이지 않고 추출한다. 그러나 우리의 근본적인 이해는 더 봐야 할 것이 많다는 것을 알려주며, 우리의 지각은 양자역학에 의해 더 높이 도약할 수 있다.

아직 거의 탐구가 이루어지지는 않았지만, 다행히도 양자 세계를 인간의 지각으로 인지할 수 있도록 재구성해서 보여줄 방법이 있다. 우리가 흥미로운 상태를 계산할 수 있다고 하자. 말하자면 양성자 속의 쿼크와 글루온의 상태, 분자 속의 핵과 전자의 상태, 양자컴퓨터의 큐비

---

* 결론을 다루는 장에서 더 자세히 이야기할 것이다.

트와 같은 것을 관찰하면 어떻게 보일지를 계산할 수 있다고 하자. 그렇다면 **마치 우리가 그것들을 만들기라도 한 것처럼** 이것을 여러 번, 완전히 재구성하기에 필요한 만큼 반복해서 계산할 수 있다. 그런 다음에 이 결과를 '보통의' 지각으로 볼 수 있도록, 여러 화면에 한꺼번에 병렬로 나타낸다. 이러한 방식으로 물리학자, 화학자, 관광객들이 양자 세계에 빠져들 수 있고, 마침내 그것을 이해할 수 있게 될 수도 있다.

> 너 자신을 알라.
>
> ─델포이의 아폴론 신전에 새겨져 있는 말

자기 지각self-perception에서도 기묘하게 비슷한 문제가 있다. 우리의 뇌 안에서는 많은 것들이 동시에 일어나고 있지만, 우리의 자연적인 의식은 한 번에 하나만 나타날 수 있게 허락하며, 많은 것이 감춰진다. 우리는 하나의 작업 모듈에서 다른 모듈로 관심을 돌릴 수 있지만, 두 가지 이상에 대해 동시에 집중하는 것은 어렵고 부자연스럽다.*

---

* 나는 이 두 문장이 매우 복잡한 실재에 대한 조잡한 서술임을 알고 있다. 그러나 전체적인 윤곽은 올바르고, 내 요점을 전달하기에 충분하다.

뇌의 상태를 감시하고 해석하는 능력이 개선됨에 따라, 우리의 자연적인 의식의 필터를 우회해서, 지각하는 자아가 내적 자아를 시각 체계를 통해서 화면으로 볼 수 있게 될 것이다. 이렇게 해서 더 많은 것이 드러나고, 감춰지는 것은 더 적어질 것이다. 사람들은 스스로에 대해, 어쩌면 다른 사람들에 대해서도, 새로운 방식으로 더 깊이 알게 될 것이다.

9

미스터리는
남아 있다

> 우리가 경험할 수 있는 가장 아름다운 것은
> 신비이다. 이것은 모든 진정한 예술과 과학의
> 원천이다. 감정이 없고, 멈춰 서서 놀라움과
> 경외감에 휩싸이지 못하는 사람은 죽은 거나
> 마찬가지다. 이런 사람의 눈은 감겨 있다.
>
> —알베르트 아인슈타인

우리가 세계에 대해 많은 것을 이해한다고 해도 여전히 커다란 미스터리가 남아 있다. 다음의 세 가지 큰 질문은 이미 오래전에 나왔다.

- 무엇이 빅뱅을 일으켰는가? 빅뱅이 다시 일어날 수 있을까?
- 기본 입자와 힘들이 나타나는 방식에는 어떤 의미

있는 패턴이 있는가?

- 구체적으로 어떻게 정신이 물질에서 창발하는가?
  (또는, 정신은 물질에서 창발하는가?)

여기에서는 더 날카롭게 초점이 맞춰진 두 가지 큰 미스터리에 대한 탐구를 살펴보겠다. 이것들은 물리적 세계에 대한 근본적인 이해를 더 깊게 파고드는 첨단의 연구이다. 첫 번째 미스터리는 근본 법칙의 이상한 특징을 둘러싸고 있다. 근본 법칙들은 시간을 반대로 돌려도 거의 정확하게 똑같이 작동한다(완전히 똑같지는 않다). 두 번째 미스터리는 다음과 같은 당혹스러운 발견에서 나왔다. 천문학자들은 다양한 상황에서, 원인을 찾을 수 없는 중력이 작용하는 것을 발견했다. 이 관측을 그대로 받아들인다면, 이들은 두 가지 형태의 물질인 '암흑물질'과 '암흑에너지'로 구성된 '어두운 부분'이 존재한다는 것을 가리키는 듯했다. 이 '물질'은 이전까지 알려진 적이 없지만, 우주 질량의 대부분을 차지한다.

이 두 가지 미스터리를 풀 수 있는 유망한 아이디어가 나왔다. 시간역전 문제를 연구하는 많은 물리학자들은 새로운 종류의 입자인 **액시온**이 존재한다고 추측하게 되었다. 빅뱅에서 남은 액시온의 잔광은 암흑물질로서 적합한 성질을 가지고 있다. 이 아이디어를 둘러싸고 세계 여러 나라에서 수백 명의 물리학자들이 연구에 뛰어들었고, 새로운 발견을 위해 활기찬 경쟁을 하고 있다.

시간역전 대칭(T)

시간의 거울상

경험된 실재들 중에서 과거와 미래의 비대칭성만큼 명백한 것은 드물다. 우리는 과거를 기억하지만, 미래에 대해서는 추측만 할 수 있다. 예를 들어 찰리 채플린의 영화 〈시티 라이트〉를 반대로 돌리면, 현실에서 일어나는 사건의 연쇄처럼 보이지 않는다. 우리는 거꾸로 돌아가는 영화를 제대로 된 영화와 결코 혼동하지 않는다.

그렇지만 뉴턴의 고전역학에 의해 근대 과학이 태어난 뒤로 아주 최근까지도, 근본 법칙들은 시간을 거꾸로 돌려도 아무런 차이가 없다는 특성이 있다. 다시 말해 현재의 상태를 가지고 과거의 상태를 예측하는 법칙은, 미래 상태를 예측할 때와 똑같다. 예를 들어 뉴턴의 법칙에 따라 태양 주위에서 행성이 돌고 있는 것을 영화로 찍는다고 상상하면, 이 영화는 거꾸로 돌려도 여전히 뉴턴의 법칙을 따른다. 법칙의 이러한 특성을 시간역전 대칭이라고 부르며, 짧게 T라고 쓰기도 한다.

시간역전 대칭은 법칙의 범위가 넓어져도 여전히 성립한다. 예를 들어 전자기학의 맥스웰 방정식과 아인슈타인의 개선된 중력 방정식도 이런 특성을 가지며, 이 방정식들의 양자 버전도 마찬가지이다. 근본적인 상호작용들도 T의 특성을 가지는 것으로 보인다.

근본 법칙들과 일상적인 경험의 차이는 두 가지 문제를 가져왔다. 하나는 현실의 우주에서 시간이 어느 쪽으로 흐르는지 찾는 문제이다. 우리는 6장과 (특히) 7장에서 이 문제의 답을 얻었고, 거기에서 중력이 평형에서 벗어나기 시작하는 것을 보았다.* 또 하나는 단순히, 왜 그런가 하는 것이다. 우리가 경험하는 세계에서는 시간이 흐르는 방향이 분명한데, 왜 자연을 근본적으로 설명하는 법칙들엔 T라는 특성이 있는가?

---

* 물론 왜 이런 일이 일어났느냐는 질문이 뒤따르는 것은 당연하다. 우리는 몇 몇 관계된 아이디어를, 특히 인플레이션과 단순성 속의 복잡성을 6장과 7장에서 논했다.

왜? 첫 번째 길: 더 내려갈 수 없는 밑바닥

어린아이들은 끊임없이 "왜?"라고 물어서 부모들을 괴롭힌다. (왜 잠을 자야 해요? 사람은 쉬어야 하기 때문이야. 왜? 몸이 지치기 때문이야. 왜? 근육을 계속 쓰다 보면 제대로 움직일 수 없어져. 왜? 우리가 먹었던 음식을 다 써버리고 쓰레기 같은 게 남아서, 이걸 치워 없애야 해. 왜? 모든 건 닳기 마련이야, 열역학 제2법칙에 따르면. 왜? 빅뱅이 일어나는 동안에, 중력이 평형에서 벗어나서⋯) 결국 당신은 대답할 수 없게 된다.[*] 어떤 시점에서 결국 밑바닥을 때리게 된다. 어떤 질문은 너무나 기본적이어서 더 이상 설명이 불가능하다. 그렇게 될 수밖에 없다.

T가 근본 법칙의 정확한 특징으로 보이기는 하지만, T에 대해 "왜?"라고 물었을 때 좋은 답이 나올지는 알 수 없다. 조금 이상하기는 하지만, 이것이 법칙들의 우아한 성질일 수도 있다. T가 더 이상 내려갈 수 없는 밑바닥일 수 있다. 대부분의 물리학자들이 그럴 거라고 생각했다.

왜? 두 번째 길: 신성한 원리

1964년에 상황이 바뀌었다. 제임스 크로닌과 밸 피치와

---

* 부모의 대답이 지루해서 아이가 잠들 수도 있다.

동료들이 K 중간자* 붕괴에서 T를 어기는 아주 작고 불분명한 효과를 발견한 것이다. T가 옳지 않기 때문에, 이것은 밑바닥이 될 수 없다. 이 시점에서 더 탐구해야 할 질문이 명확해졌다. 왜 자연은 T를 거의 철저하게 지키지만 **완전히 철저하게 지키지는 않는가?** 이 질문이 놀라울 정도로 풍성한 결론을 가져온다는 것이 알려졌다.

1973년에 고바야시 마코토, 마스카와 도시히데가 이 문제에 대해 이론적인 돌파구를 열었다. 그들은 양자장과 핵심적인 힘의 이론(당시까지만 해도 굳건하게 자리 잡지는 못했다)의 개념 체계 위에 이론을 구축했다. 앞에서 말했듯이 이 개념 체계는 매우 엄밀해서, 그 일관성을 깨지 않으면서 체계를 바꾸기는 쉽지 않다. 아무도 상대성, 양자역학, 국소성의 신성한 원리**를 어기지 않으면서 구조를 바꾸는 방법을 알지 못한다. 그러나 여기에 더 보탤 수는 있다. 고바야시와 마스카와가 발견한 것은, 그때까지 알

---

* K 중간자는 매우 불안정하고 강하게 상호작용하는 입자(강입자)로, 그 성질은 고에너지 가속기로 연구되어왔고, 연구할 수 있다. 그것들은 스트레인지 (s) 쿼크를 가진 가장 가벼운 강입자이다.
** 물론 어떤 과학적 원리도 교조적이고 이론적인 의미로 신성하지 않다. 그러나 상대성, 양자역학, 국소성이 틀렸다면 우리는 배웠던 많은 것을 버려야 하는데, 이 원리들이 잘 작동하면서 많은 것을 설명하기 때문이다. 다시 말해서, 그것들은 T보다 더 밑바닥에 가까울 것이다.

려진 쿼크와 경입자(렙톤)의 두 가지 종류family에 세 번째 종류를 보태면,* T를 어기고 크로닌과 피치가 발견한 효과를 일으키는 상호작용이 가능해진다는 것이었다. 두 가지 종류만을 가지고는 이러한 상호작용이 불가능하다.

고바야시와 마스카와의 연구가 발표되고 나서 얼마 뒤에 가속기의 에너지를 더 높여서 실험을 진행하자, 그들이 예측한 세 번째 종류의 입자들이 나타나기 시작했다. 그때 이후로 더 많은 실험이 수행되어, 그들이 함께 제안했던 상호작용들도 입증되었다.

하지만 여기서 끝이 아니다. 고바야시와 마스카와가 사용했던 상호작용 외에, 우리의 코어 이론과 양자장 이론의 엄격한 개념 체계와 완전히 일관되면서도 T를 어기는 상호작용이 정확히 한 가지 더 있다. 이 상호작용은 크로닌과 피치가 보았던 것 또는 어떤 다른 관측의 설명에도 필요하지 않다. 자연은 이것을 이용하지 않는 것 같다. **왜 그럴까?**

---

* 이러한 '보너스' 입자에 대해 더 알고 싶으면 부록을 보기 바란다. 지금의 맥락에서 더 자세한 것들은 중요하지 않다.

왜? 세 번째 길: 진화

1977년에 로베르토 페체이와 헬렌 퀸은 T에 대해 세 번째이자 잠재적으로 최종적인 '왜'에 대한 대답을 제안했다. 그들이 제안한 것은 원하지 않은 부가적인 상호작용이 단지 하나의 숫자가 아니라 양자장이며, 이 양자장이 시간과 공간에 따라 변한다는 것이다. 그들은 이 새로운 장이 어떤 적절하고 합당하게 단순한 성질을 가지면, 이 장에 힘이 작용해서 장을 0으로 만든다는 것을 보였다. 페체이와 퀸은 이 장이 바람직한 값인 0이 된다고 암묵적으로 가정했다. 빅뱅 우주론은 이 장의 값이 0으로 진화했다고 암시한다.*

　이것이 마침내 우리의 질문에 대해 만족스러운 답을 줄지도 모른다. T는 거의 그렇기는 하지만 완전히 그렇지는 않은, 근본 법칙의 한 특징이며, 더 깊은 원리들(상대성, 양자역학, 국소성)이 세계의 근본 성분들에 대해 작용하는 방식의 간접적인 결과로 나타나는 특징이라는 것이다.

　이러한 이론적인 아이디어들은 극적인 결과를 가져온다. 먼저 어두운 부분을 살펴보자.

---

* 이런 차이가 우주에 암흑물질을 제공했을 수 있으며, 이것을 곧 이야기할 것이다.

어두운 부분

암흑물질과 암흑에너지는 비슷한 성질을 갖고 있어서, 이것을 함께 다루는 것은 의미가 있다. 이것들은 둘 다 분명한 원인이 없음에도 관찰된 운동을 가리킨다. '암흑물질'과 '암흑에너지'보다 '설명되지 않은 가속도'가 있다고 말하는 것이 덜 도발적일 수는 있지만 더 정확하다. 그러나 이 추가적인 운동은 모두 하나의 패턴을 따르는데, 이 패턴은 이들 운동이 보이지 않는 중력 원천에 의해 일어남을 암시한다. 모든 관측을 설명하기 위해서 두 가지 구별되는 새로운 원천이 필요하다. 이것들은 정의에 따라 암흑물질과 암흑에너지이다. 암흑물질과 암흑에너지는 일상적인 의미의 '암흑'이 아님을 강조해야겠다. 둘 다 아직까지는 보이지 않는 것으로 판명되었다. '암흑'이 있다고 생각되는 곳에서 빛의 방출도 흡수도 탐지되지 않았다.

암흑물질은 새로운 종류의 입자로 구성되어 있을 수 있고, 빅뱅 때 생성되어서 보통의 물질과 아주 약하게만 상호작용할 수 있다. 암흑에너지는 공간 자체의 밀도일 수 있다. 이것들이 이 주제를 연구하는 학자들 사이에 가장 인기 있는 아이디어이며, 이 아이디어가 넓은 범위의 관측을 꽤 그럴듯하게 설명한다. 다른 아이디어들도 제안

되었지만, 그것들은 (훨씬 더) 추측에 가깝다.

이것과 비슷한 문제들, 즉 설명되지 않은 가속도의 문제들은 이전에도 천문학에서 제기된 적이 있다. 이 역사적 사례가 참고가 될 것이다.

뉴턴 역학과 중력 법칙(뉴턴은 이것을 '세계의 체계'라고 불렀다)은 1687년에 소개된 뒤로 오랫동안 승승장구했다. 많은 사람들이 천체들의 운동을 훨씬 더 정확하게 관측했고, 한편으로는 이 이론의 예측을 훨씬 더 정확하고 광범위하게 계산했다. 거의 예외 없이 관측은 예측과 일치했다.

그런데 두 가지 문제가 해결되지 않고 있었다. 그것은 천왕성과 수성의 운동에 관련된 문제였다. 뉴턴 이론에 따른 예측과 관찰된 행성의 위치 사이에 뚜렷한 차이가 있었다. 이 차이는 아주 작아서, 예를 들어 하늘에 떠 있는 달 크기보다 훨씬 작았지만, 관측의 정확성이 허용하는 범위를 확실히 벗어나 있었다. 무언가 설명이 필요했다. 계산에서 뭔가 빠졌거나, 이론이 틀렸을 것이었다.

다른 면에서는 크게 성공한 이론이 뜻밖의 장애를 만나면 이론을 의심하기보다 다른 무언가가 빠진 것이 있는지 살펴보는 것이 보수적인 전략이다. 존 쿠치 애덤스와 위르뱅 르베리에는 둘 다 천왕성의 궤도에 영향을 주는 발견되지 않은 행성이 있을지도 모른다고 생각했다. 다시 말해서 그들은 천왕성의 운동이 매우 특정한 종류의 '암흑물질'의 영향을 받는다고 제안한 것이다.

애덤스와 르베리에는 새로운 행성이 어디에 있어야 하는지 계산했고, 밤하늘에서 어디에 나타나는지도 계산했다. 르베리에는 그의 예측을 베를린 천문대에 알렸다. 이 천문대의 천문학자들은 관측을 시도하여 행성을 찾아냈다. 새로운 행성이 1846년에 발견되었고, 오늘 우리는 이것을 해왕성이라고 부른다.

르베리에는 수성의 문제에 대해서도 비슷하게 접근했다. 그는 또 다른 새 행성이 존재한다고 가정했고, 이것을 벌컨Vulcan이라고 불렀다. 벌컨은 태양에 아주 가까이 있어야 하고, 따라서 이 행성의 중력이 수성에 영향을 주지만 다른 행성들에는 거의 영향을 주지 못한다. 벌컨이 그때까지 관찰되지 않은 이유에 대한 설명도 있다. 태양에 너무 가까워서 잘 보이지 않기 때문이다.

천문학자들은 벌컨을 찾으려고 노력했고, 특히 일식 때 관측을 시도했다. 여러 번에 걸쳐 성공이 보고되기도 했다. 그러나 어떤 관측도 학계를 설득하지 못했고, 문제는 해결되지 않은 채 시간만 질질 끌고 있었다. 결국 그 해결책은 꽤 다른 방향에서 나왔다. 1915년에 알베르트 아인슈타인이 심오한 중력 이론을 새롭게 제안했는데, 그것이 일반상대성 이론이다. 뉴턴의 이론과 일반상대성이 근본적으로 다른 아이디어를 바탕으로 하지만, 많은 상황에서 두 이론은 비슷한 예측을 내놓는다. 일반상대성을 태양계에 적용했을 때 뉴턴 이론과 가장 큰 차이(여전히 작다)가 나는 부분이 수성의 운동이다. 아인슈타인 이론이 거둔 최초의 주된 승리 중 하나가 이미 그의 최초의 논문에 담겨 있는데, 수성의 운동을 미발견 행성을 가정하지 않고 설명한 것이다. 그 뒤로 벌컨은 다시 볼 수 없게 되었다.

'암흑에너지'는 중력 법칙에 가해진 또 다른 이론적인 수정이며, 마찬가지로 아인슈타인이 생각해냈다. 그는 이것을 다른 이름으로, 즉 우주 상수라고 불렀다. 이것은 일반상대성 위에 구축되었다. 일반상대성의 개념 체계 위에 머무르려고 하면 기본적으로 중력 법칙을 바꿀 수 있는 방법은 한 가지뿐이며(이것을 '자유 변수free parameter'라고 부른다), 여기에서는 우주 상수를 추가하는 것이다. 아인슈타인이 이론을 처음 구성할 때는 0이 아닌 우주 상수가 필요한 관측이 없었으므로, 오컴의 면도날의 정신에 따라 이것을 0으로 놓았다. 그러나 관측에 의해 필요해지면, 우주 상수를 바로 사용할 수 있었다.

역사적 유사성에 빗대어 살짝 농담을 하자면, 암흑물질은 해왕성에서 왔고 암흑에너지는 수성에서 왔다고 요약할 수 있다. 역사에서 얻을 수 있는 고무적인 메시지는, 훌륭한 과학적 미스터리에서는 가치 있는 대답이 나오는 경우가 많다는 것이다.

암흑물질

현대의 암흑물질은 우주 전체가 관련된 문제이다. 천문학자들은 여러 규모에서, 서로 다른 많은 환경에서 '과다한' 가속을 관측한다. 여기에서 나는 두 종류의 관측을 언급할 것인데, 이것은 수백은 아니어도 수십 가지의 잘 정리된 사례들을 포괄한다.

첫 번째 종류는 은하들의 외곽에 있는 별과 기체 구름들이 그 은하들 주위를 도는 속력과 관련된다. 케플러의 법칙 중 하나는, 오늘날 뉴턴과 아인슈타인의 중력 이론 둘 다에서 나오는 것으로, 궤도 주위를 회전하는 속력과 그 안쪽에 있는 질량의 크기를 연결한다. 따라서 은하의 회전 속력을 관측하면 그 은하의 질량이 어떻게 분포하고 있는지 추론할 수 있다. 천문학자들의 발견에 따르면 관찰된 속력을 설명하기 위해서는 빛을 많이 내지 않는 질량이 많이 있어야 한다. 다시 말해서, 연구 대상이 된 모든 경우에서 은하가 외부로 펼쳐진 암흑(보이지 않는) 물질의 헤일로halo에 둘러싸여 있는 것으로 보였다. 사실, 은하에서 빛을 내는 부분은 암흑물질 덩어리 속의 불순물이라고 해야 더 적절할 것이다. 헤일로에 펼쳐진 암흑물질을 모두 더하면, 보이는 불순물보다 6배나 더 무겁다.

두 번째 종류는 빛이 휘는 것, 또는 중력 렌즈와 관련된다. 천문학자들은 많은 경우에서 아주 멀리 있는 은하들의 상이 크게 왜곡되어 있어서, 마치 물잔이나 콜라병을 통해 보는 것과 같다는 것을 알아냈다. 이것은 특히 내가 보려고 하는 은하의 빛이 다른 은하단이 있는 공간의 영역을 통과할 때 일어난다. 일반상대성은 중력에 의해 빛이 휜다고 예측하며, 따라서 중력 렌즈가 있다는 것은 놀랄 일이 아니다. 놀라운 것은 그 효과의 크기이다. 여기에서 다시 천문학자들은 보이는 별들과 기체 구름의 무게의 6배가 은하단에 필요하다는 것을 발견한다.

이것들과 그 밖의 관측들에 따르면 암흑물질이 우주 질량의 25퍼센트쯤으로 추정된다. '보통의' 물질, 즉 무엇으로 되어 있는지 우리가 이해하는 물질은 약 4퍼센트다. 나머지의 대부분은 암흑에너지이다.

암흑에너지

또 다른 종류의 관측을 설명하기 위해서 암흑에너지가 필요하다. 여기에는 중요한 뒷이야기가 있다. 알베르트 아인슈타인은 그의 중력 이론인 일반상대성 이론을 1915년에 정식화했다. 그로부터 오래 지나지 않은 1917년에 그는 방정식의 수정을 고려했다. 바로 '우주 상수'를 허용하는 것이었다. 물리학적으로, 우주 상수를 도입하는 것은 공간 자체의 밀도가 0이 아니라고 하는 것과 같다. 따라서 우주 상수의 값이 0이 아니라는 것의 의미는 모든 우주 공간의 단위 부피마다 0이 아닌 동일한 값만큼 우주의 총질량에 기여한다는 것이다. 그 공간에 (겉보기엔) 아무것도 없어도 말이다.

0이 아닌 우주 상수는 일반상대성의 체계 안에 쉽게 끼워맞출 수 있다. 이것은 이론의 기본 원리에 상당한 변화를 필요로 하지 않는다. 물질은 여전히 시공간을 전과 같은 방식으로 휘고, 물질은 시공간의 곡률에 대해 전과 같이 반응한다. 우주 상수는 시공간 자체가 일반상대성에 의해 휘고, 밀리고, 흔들릴 수 있는 일종의 물질이며, 따라서 관성을 가질 수 있다는 것을 뜻한다. 반면에 다른 가능한 일반상대성의 수정은 자연스럽지 않거나 물리적 효과가 미미하다.

우주 상수의 보편적인 밀도는 독특한 성질을 동반한다. 공간이 양(+)의 질량 밀도를 가지면서 동시에 음(-)의 압력도 가져야 하며, 그 크기는 밀도 곱하기 빛의 속력의 제곱과 같다. 이러한 밀도와 압력의 관계식은 공간의 질량을 에너지와 연결하는 것으로, 입자의 질량을 에너지와 연결하는 유명한 관계식 $E = mc^2$과 유사하다.

1990년대에 우주 상수는 **암흑에너지**라는 새로운 이름을 얻었다. 새로운 이름은 새로운 태도를 반영한다. 현대의 물리학자들은 다른 힘들을 이해하는 과정에서 교훈을 얻었다. 이 교훈에 따르면, 우주의 밀도를 그저 일반상대성에 나타난 또 하나의 변수, 그 값에 다른 의미는 없는 변수로만 여길 수는 없다. 우주의 밀도는 물리학의 다른 부분들과 단단히 묶여 있으며, 다른 맥락에서 여러 가지 의미를 가질 수 있다. 끊임없이 요동치는 양자장으로 가득한 우주에서, 공간이 관성을 가지지 않는다면 이것이 도리어 놀라울 것이다.

1998년에 천문학자들이 암흑에너지를 발견했다. 더 구체적으로 말하면 우주의 팽창 속도가 증가하고 있으며, 이것이 우주 공간이 가지는 음의 압력과 일치한다는 것을 알아냈다. 이것은 허블의 관측과 비슷하게 적색편이를 측정해 추론한 것이며, 이번에는 세페이드 변광성이 아니라 초신성을 관측한 결과였다. 초신성은 훨씬 더 밝기 때문에 우주의 더 먼 곳에 대해 알려줄 수 있다.

그들이 측정한 공간의 밀도는 어떤 기준으로 보아도 극단적으로 작다. 지구 부피 공간의 질량이 약 7밀리그램에 불과한 수준이다. 태양계 또는 은하 전체의 공간이 기여하는 질량은 보통의 (또는 암흑) 물질의 질량에 비해 완전히 무시할 만한 크기이다. 그러나 이 작은 밀도가 은하들 사이의 광활한 공간 모든 곳에 들어차 있어서, 우주 전체의 질량을 지배하게 된다.

암흑에너지는 현재 우주 질량의 70퍼센트를 차지한다. 왜 여러 가지 원천들이 그러한 비율로 기여해서 지금과 같은 최종 결과를 낳는지 아무도 모른다. 이것은 우주의 거대한 미스터리이다.

우주론적 '표준모형'

암흑물질과 암흑에너지가 (가설적으로) 현재 우주의 대부분의 질량을 차지한다는 것을 이해하면, 우리는 이것들이 우주의 역사에서도 중요한 역할을 했을 것이라고 짐작할 수 있다. '영화를 거꾸로 돌려서' 이 직관을 점검하기 위해서, 우리는 암흑물질과 암흑에너지의 성질을 좀 더 구체적으로 명시할 필요가 있다. 빅뱅을 다시 들여다보면 암흑물질과 암흑에너지의 성질을 알아낼 수 있다. 우리가 그것들에 대해 잘못된 추측을 하면 우리의 빅뱅 모형은 지금 우리가 관찰하고 있는 우주를 만들지 않을 것이다.

알려진 것이 거의 없으므로, 암흑물질과 암흑에너지가 빅뱅 초기에 어떻게 행동했는지 추측하는 것은 희망이 없는 일일 수 있다. 다행히도 많이 알지 않아도 된다는 것이 알려졌고, 몇몇 단순한 추측은 놀라운 성과를 가져다주었다.

암흑물질에 대해서 우리는 이것이 모종의 입자로 이루어져 있고 보통의 물질 또는 그 자신과 약하게 상호작용한다고 가정한다. 우리는 또한 이것이 초기의 우주적 불덩어리와 평형을 이루고 있었지만, 비교적 빠르게 평형에서 벗어나 6장에서 다뤘던 잔광이 되었다고 가정한다. 한 가지 얄궂은 점은 몇몇 암흑물질에 대한 초기의 가정이 다뤘던 것으로, 평형에서 벗어날 때 이 입자들이 빛보다 훨씬 느리게 움직인다는 것이다.* (가정에 따라) 중력이 유일하게 관련된 힘이므로, 그리고 중력은 물질의 형태를 구별하지 않으므로, 이것이 우리가 알아야 할 모든 것이

• 이 입자들이 너무 빠르게 움직이면 중력 불안정성이 확대되는 양상이 달라져서, 모형 우주가 현재 우리가 보는 것과 같지 않게 된다.

다. 우리는 암흑물질이 어떻게 움직이는지, 평형에서 벗어난 다음에 우주의 나머지에 어떤 영향을 주는지 계산할 수 있다. 이것이 이른바 암흑물질 모형을 정의한다.

암흑에너지에 대해 말하자면, 우리는 공간 자체의 보편적 밀도라는 아인슈타인의 아이디어를 받아들이며, 이것은 보편적인 음의 압력에 해당한다.

위와 같이 주어진 가정을 통해, 빅뱅 이후 38만 년이 지나서 우주배경복사가 생겨나던 때의 밀도 차이가 지금까지 어떻게 변화해왔는지 살펴볼 수 있다. 암흑물질을 추가하면 이것이 없을 때보다 더 빨리 불안정해진다. 암흑물질이 있으면 모형 우주는 우리의 우주와 비슷하게 진화한다. 암흑물질이 없으면 그렇지 않다. 이런 방식으로 빅뱅 우주론에서는 암흑물질과 암흑에너지가 있어야 미소한 물질 밀도 차이가 중력 불안정성을 통해 오늘날 우리가 보는 우주의 구조로 진화할 수 있다.

액시온: 청소하는 양자

10대였을 때 나는 어머니와 함께 슈퍼마켓에 자주 갔다. 한번은 빨래할 때 사용하는 액시온Axion이라는 세제를 보았다. 나는 '액시온'이 기본 입자의 이름으로 좋겠다는 생각이 떠올랐다. 이 말은 짧고, 알기 쉽고, 프로톤(양성자), 뉴트론(중성자), 일렉트론(전자), 파이온 같은 이름과도 잘 어울린다. 나에게 입자의 이름을 붙일 기회가 있으면 그것을 액시온이라고 불러야겠다는 생각을 잠깐 해보았다.

1978년에 기회가 왔다. 나는 새로운 양자장을 도입한 페체이와 퀸의 아이디어에서, 그들이 알아보지 못한 중요한 귀결이 있다는 것을 깨달았다.[*] 앞에서 말했듯이 양자장은 입자(즉, 장의 양자)를 만들어낸다. 그리고 페체이와 퀸이 도입한 특별한 장은 매우 흥미로운 입자를 만들어낸다. 이 새로운 입자에는 축흐름axial current의 문제를 깨끗이 없애주는 기술적으로 매혹적인 면이 있다. 기막힌 행운이 찾아왔고, 액시온이 세계로(적어도 물리학 문헌의 세계로) 들어왔다.

(내가 논문을 투고할 때 이 이름을 붙인 진짜 이유를 정직하게 밝혔다면, 〈피지컬 리뷰 레터스〉 편집자나 액시온 세제 제조업자가 허락하지 않았을 것이다. 그 대신에, 나는 축흐름에 대해 언급했다.)

• 스티븐 와인버그도 별도로 이 아이디어를 떠올렸다.

잔광을 찾아서

액시온의 성질은 우주론적 암흑물질로 적합하다. 액시온은 보통의 물질이나 자기 자신과 매우 약하게 상호작용한다. 액시온은 높은 온도에서 만들어지고, 우주의 불덩어리에서 떨어져 나온 후에는 자유로워진다. 그것들의 잔광, 즉 우주 액시온 배경은 우주를 채운다. 액시온 배경의 밀도를 계산해보면 암흑물질의 관찰된 밀도와 일치하며, 액시온들은 거의 대부분이 정지한 상태로 만들어진다. 따라서 액시온 배경은 '차가운 암흑물질' 우주론의 가정과 일치한다.

아름다운 이야기이지만, 이것이 옳은가? 앞에서 말했듯이 액시온과 물질의 상호작용은 매우 미약하다. 하지만 액시온이 상호작용을 한다는 사실과 상호작용하는 방식을 이론이 알려준다. 액시온 배경을 실험으로 탐지하기 위해서는 액시온의 성질에 맞는 민감한 탐지기를 설계해야 한다. 수백 명의 물리학자들, 이론가와 실험가들이 오늘날 이 문제에 도전하고 있다. 세계에 정의가 있다면, 그리고 운이 따른다면, 우리는 곧 성공 이야기를 듣게 될 것이다. 이것은 해왕성, 우주배경복사, 힉스 입자, 중력파, 외계행성과 나란히 할 가치가 있을 것이다. 과학적 미스터리 이야기에는 훌륭한 답이 있는 경우가 많다.

미스터리의 미래

미스터리는 어떻게 끝나는가?

앞에서 나왔던 T 위반의 영웅 밸 피치는 뛰어난 유머 감각을 가진 현명한 사람이었다. 그는 내가 경력의 초기에 프린스턴 대학교 물리학과 교수였을 때 학과장이었다. 나는 그에게 액시온과 암흑물질에 대해[*] 내게 막 떠오른 아이디어를 설명하면서, T 위반이 마치 옛날부터 확립된 사실인 양 말했지만 사실 나는 그 이상은 알지 못했다. 어떤 시점에서 그는 부드럽게 미소를 띠면서 이렇게 말했다. "어제의 충격은 오늘의 표준이 되는 거지."

이것이 과학 미스터리 이야기의 운명이다. 나도 점근적 자유성과 양자색역학QCD에 대해서 비슷한 과정을 겪었다. 돌파구가 열리고 나서 몇 년 동안, 이것들이 진정으로 강한 핵력의 미스터리를 해결한 것인지에 대해 많은 흥분과 의심이 있었다. 대규모 국제 학술회의에서 'QCD 검증'에 대한 강연을 열었고, 여기에서 이론적인 예측과 실험적인 검증에 대해 보고했다. 그러나 점차 흥분은 잦아들었다. 오늘날에도 같은 종류의 연구가 대규모로 더 세

---

* 또한 우주에서 물질과 반물질의 비대칭성에 대해.

련되게 이루어지지만, 무대 밑에서 조용히 진행되고 있다. 이것을 '배경 계산'이라고 부른다. 어제의 충격은 오늘의 표준이 되고 내일의 배경이 된다.

아는 것과 궁금해 하는 것

특정한 미스터리의 미래가 아니라, 미스터리 자체의 미래에 대한 흥미로운 질문이 있다.

클레이 재단The Clay Foundation은 QCD가 쿼크 속박을 예측한다고 증명하는 일에 100만 달러의 상금을 걸었다. 물리학자들은 낮은(나는 다르게 표현하고 싶지만) 기준을 갖고 있다. 우리는 QCD가 어떤 종류의 입자를 만드는지를 컴퓨터의 도움으로 심각한 오류의 염려 없이 계산해낼 수 있다. 계산된 결과에 분리된 쿼크는 없었다. 진정으로 계산은 우리가 자연에서 관찰하는 입자의 질량과 성질을 우리에게 알려주며, 넘치지도 모자라지도 않는다.

그러면 슈퍼컴퓨터가 상을 받아야 할까? 아니면 프로그래머가 상을 받아야 할까?

2017년에 인공신경망을 이용하는 고도로 혁신적인 컴퓨터 프로그램인 알파제로가 체스의 규칙만을 바탕으로 기보 학습 없이 자기 자신과 게임을 하면서 경험으로만 배워서 몇 시간 안에 인간을 뛰어넘는 경지에 도달했다.

알파제로는 체스를 이해했는가? 여기에 '아니다'라고 답하고 싶다면, 나는 1894년부터 1921년까지 여러 해 동안 세계 체스 챔피언이었던 에마누엘 라스커*가 한 말을 들려주고 싶다.

체스판 위에서 거짓과 속임수는 오래 살아남지 못한다. 독창적인 수는 속임수를 파해破解한다. 무자비한 진실은 체크메이트로 절정에 이르면서, 위선을 응징한다.

이와 같은 예들은 인간의 의식으로는 알 수 없는 앎의 방식이 있음을 보여준다. 그러나 이것은 새로운 소식이 아니다. 사람은 스스로 의식하지 못하는 것들을 많이 알고 있다. 시각 정보를 놀라운 속도로 처리하거나, 몸을 똑바로 가누고, 걷고, 뛰는 것이 그런 것이다.

사람과 지구상 다른 생물들의 게놈은 또 다른 무의식적 지식의 거대한 저장소이다. 그것들은 번성하는 생명체들을 키우는 복잡한 문제를 해결하며, 인간의 엔지니어링 능력을 훨씬 앞지르는 묘기에 성공한다. 그것들은 어떤 논리적 추론에도 의존하지 않고 길고 비효율적인 생물학

---

* 라스커는 순수 수학에서도 중요한 업적을 남겼다.

적 진화 과정으로 이런 일을 하는 방법을 '배우며', 자기가 무엇을 아는지 의식하지도 않는다.

우리의 기계들이 길고도 복잡한 계산을 해내고, 엄청난 양의 정보를 저장하고, 실행을 통해 극단적으로 빠르게 배우는 능력은 이미 이해로 가는 새로운 경로를 열고 있다. 이것은 질적으로 다른 경로이다. 이것들은 지식의 최전선의 방향을 바꿀 것이고, 인간의 뇌가 갈 수 없는 곳에 도달할 것이다. 물론 **보조 도구를 이용하는** 뇌도 이 탐구에 도움이 될 것이다.

진화와 공유하지 않고 아직은 기계와도 공유하지 않는 인간만의 특징은, 우리의 이해에 있는 틈을 인지하고 그 틈을 메우는 과정을 즐긴다는 것이다. 미스터리를 경험하는 것은 아름다운 일이며, 강력하기도 하다.

10

상보성은
마음을 확장한다

반대되는 두 아이디어를 동시에 유지하는
능력이 있느냐, 그리고 그러면서도 여전히 그
기능을 유지할 수 있느냐가 바로 일급 지성을
판가름하는 시금석이다.

—F. 스콧 피츠제럴드

이러한 상보성이 학문적 존재론을 뒤엎었다는
것은 분명하다. 진리란 무엇인가? 우리는
빌라도의 질문(요한복음 18:38—옮긴이)을
제기한다. 회의론적이고 반反과학적인
의미에서가 아니라 이 새로운 상황에 대한 더
많은 연구를 통해 물리적 세계와 정신적 세계를
더 깊이 이해하게 될 것이라는 확신으로.

—아르놀트 조머펠트

가장 기본적인 형태의 **상보성**은 하나의 단일한 사물이 서로 다른 관점에서 고려할 때 아주 다르거나 심지어는 모순적인 성질을 가질 수 있다는 개념이다. 상보성은 눈을 뜨게 해주며 지극히 도움이 되는, 경험을 대하는 하나의 태도이다. 상보성은 말 그대로 내 마음을 바꿨다. 상보성을 통해서 나는 더 커졌고, 상상력을 더 많이 받아들이게 되었고, 더 너그러워졌다. 지금 나는 마음을 확장하는 상보성의 통찰을 내가 이해하는 그대로 독자들과 함께 탐구해보려고 한다.

세계는 단순하면서 복잡하고, 논리적이면서 이상하고, 법칙적이면서 혼란스럽다. 근본적인 이해는 이러한 이중성을 해소하지 못한다. 우리가 보았듯이 근본적인 이해는 도리어 이중성을 더 크고 깊게 드러내 보인다. 상보성을 마음에 새기지 않고서는 물리적 실재를 바르게 대할 수 없다.

인간도 마찬가지로 이중성에 둘러싸여 있다. 우리는 작으면서도 거대하고, 찰나에 스러지면서도 오래 견디며, 많이 알면서도 무지하다. 상보성을 마음에 새기지 않고서는 인간 조건을 바르게 대할 수 없다.

과학에서의 상보성

덴마크의 위대한 물리학자 닐스 보어가 최초로 상보성이 가진 통합 능력에 관해 분명하게 설명했다. 쉽고 빠르게 설명하는 역사에서는 보어가 양자역학의 경험으로부터 상보성을 배웠다고 말할 것이다. 다른 관점에서는 보어가 자연스럽게 이러한 사고방식을 익혔으며, 이것이 그의 양자역학에 대한 독보적인 기여를 앞당기고 심지어 가능하게 했다고 말할 것이다. 보어의 전기 작가들 몇몇은 여기에서 보어가 찬탄했던 덴마크의 신비주의자이자 철학자인 쇠렌 키르케고르의 영향을 본다.

양자적 행동을 주목하기 시작한 1900년경과 현대 물리학 이론이 출현한 1920년대 후반 사이에, 서로 모순되는 실험 결과들을 조화시키기 위해 가능해 보이지 않는 고투가 이어진 시기가 있었다. 이 시기에 보어는 관찰된 것들에서 가장 의미 있는 부분을 뽑아서 모형을 만들어내는 데 능했고, 한편으로 다른 것들을 전략적으로 무시했다. 알베르트 아인슈타인은 그의 연구에 대해 이렇게 썼다.

이렇게 불확실하고 모순되는 토대만으로도, 보어와 같

은 능력을 가진 사람은 독특한 본능과 재치로 주요 법칙을 발견하기에 충분했다. … 원자를 아우르는 이 법칙들이 화학에서 갖는 중요성은 내가 보기에 기적과 같았고, 오늘날에 와서도 이것은 기적으로 보인다. 이것은 사고의 영역에서 최고의 음악성이 드러난 형태이다.

이러한 경험을 바탕으로 보어는 상보성을 강력한 통찰로 발전시켰고, 과학에서 철학으로, 지혜로 승화시켰다.

양자역학에서의 상보성

양자역학에서 대상(전자이든 코끼리이든)에 대한 가장 기본적인 기술 방법은 파동함수이다. 파동함수는 일종의 가공되지 않은 날것의 재료이며, 우리는 파동함수를 처리해서 그 물체의 행동을 예측할 수 있다. 우리는 파동함수를 질문에 따라 다른 방식으로 처리할 수 있다. 그 물체가 어디에 있는지 예측하고 싶으면 파동함수를 거기에 맞는 방식으로 처리해야 한다. 그 물체가 얼마나 빨리 움직이고 있는지 예측하려면 파동함수를 다른 방식으로 처리해야 한다.

파동함수를 처리하는 이 두 방식은 음악을 화음과 선율로 분석하는 것과 대략 비슷하다. 화음은 국소적 분석이다. 여기에서는 공간상의 한 점보다 시간의 한 순간을 중요시한다. 반면, 선율은 전체적인 분석이다. 화음은 위치와 같고, 선율은 속도와 같다.

우리는 이 두 형태를 동시에 처리할 수 없다. 그것들은 서로 간섭한다. 위치 정보를 얻고 싶으면 속도 정보가 파괴되는 방식으로 파동함수를 처리해야 하고, 반대로도 마찬가지이다.

정밀한 수학적 세부는 복잡할 수 있지만, 이 모든 이야기를 지지하는 단단한 수학적 토대가 있다는 것을 강조하고 싶다. 현재 이해되는 대로의 양자론에서 상보성은 수학적 사실이며, 단지 막연한 주장이 아니다.

이제까지는 양자적 상보성을 수학적 개념을 사용해서, 파동함수와 그것을 처리하는 방식으로 이야기했다. 동일한 상황을 더 직접적으로, 실험을 한다는 관점에서 생각하면 다른 전망을 얻을 수 있다. 입자의 파동함수를 어떻게 처리해서 예측을 얻는지 묻기보다, 실험적으로 입자의 성질을 측정하기 위해 그 입자와 어떻게 상호작용할 수 있는지 묻는 것이다.

양자론의 수학적 체계에서 위치와 속도의 상보성은 하

나의 정리定理이다. 그러나 양자론의 수학은 여러 가지 이상한 면이 있으며, 자연을 기술하려는 한 가지 시도일 뿐 밝혀진 진리가 아니다. 사실 아인슈타인을 포함해서 양자론의 여러 선구자들은, 양자론의 완숙한 수학적 형태에 반대하는 회의론자가 되었다.

양자론에서 위치와 속도를 동시에 측정할 수 없다는 것은, 실험에서 이 성질들을 동시에 측정할 수 없는 우리의 무능력에 대응한다. 위치와 속도를 동시에 측정할 수 있다면 양자역학과 다른 새로운 수학 이론이 필요할 것이다. 이 수학에서는 파동함수를 처리해서 위치와 속도를 동시에 측정하는 실험을 기술할 수 있게 될 것이다.

젊은 시절의 베르너 하이젠베르크는 현대 양자론의 토대를 만든 직후에 이 놀라운 수학적 귀결, 즉 위치와 속도를 동시에 측정할 수 없다는 것을 깨달았다. 그는 이 깨달음을 '불확정성 원리'로 정식화했다. 그의 불확정성 원리에서 나온 한 가지 핵심 질문은 이것이 구체적인 사실, 다시 말해 우리가 관찰할 수 있는 것들을 바르게 기술하는가 그렇지 않은가 하는 것이다. 처음에는 하이젠베르크가, 그다음에는 아인슈타인과 보어가 이 문제와 씨름했다.

물리적 행동의 수준에서 이러한 갈등, 즉 상보성은 두

가지 핵심을 반영한다. 첫 번째 핵심은 **어떤 것의 성질을 측정하기 위해서는 그것과 상호작용해야 한다**는 것이다. 다시 말해, 우리의 측정은 '실재'를 포착하는 것이 아니라 단지 표본을 추출한다는 것이다.

보어는 이렇게 말했다.

> 양자론에서 … 이제까지 의심받지 않았던 근본적인 규칙성을 논리적으로 이해하기 위해서는 … 어디까지가 물체의 독립적인 행동이고 어디까지가 측정 장치와의 상호작용인지 딱 잘라서 말할 수 없다는 것을 알아야 한다.

두 번째 핵심은 첫 번째를 강화하는 것으로, **정확하게 측정하려면 대상을 헤집어놓을 수밖에 없다**는 것이다.

이런 점들을 마음에 두고 하이젠베르크는 기본 입자의 위치와 속도를 측정할 수 있는 여러 가지 다른 방법을 고려했다. 그는 모든 사례들이 불확정성 원리에 들어맞는다는 것을 확인했다. 이 분석으로 양자론의 이상한 수학이 물리적 세계의 이상한 사실들을 반영한다는 확신을 얻게 되었다.

우리가 조금 전 언급했던 두 원리, 즉 관찰은 능동적으로 대상을 교란한다는 것이 하이젠베르크의 분석에서 반석과 같은 토대가 되었다. 이것들이 없으면 물리적 실재를 기술하는 양자론의 수학을 사용할 수 없다. 그러나 이것은 우리가 아기였을 때부터 만들어서 가지고 있는 세계 모형의 기초를 무너뜨린다. 이 모형에 따르면 우리 자신과 외부 세계는 확실하게 분리되어 있고, 우리는 관찰을 통해 저 밖에 있는 것들의 성질을 알 수 있다. 하지만 하이젠베르크와 보어의 교훈을 받아들이면 우리는 그러한 확실한 분리가 없다는 것을 깨닫는다. 세계를 관찰한다는 것은 우리가 세계에 참여해서 함께 만들어간다는 것이다.

하이젠베르크는 불확정성에 관한 연구를 코펜하겐에 있는 보어의 연구소에서 수행했다. 이 두 선구자들은 격렬하게 토론하면서 일종의 과학적인 부자 관계를 형성했다. 보어의 상보성에 관한 초기 아이디어가 하이젠베르크의 연구에서 하나의 해석으로 발현되었다.

아인슈타인은 보어와 하이젠베르크의 발견에 동의하지 않았고, 상보성을 불편하게 생각했다. 그는 타당하면서 서로 호환되지 않는 관점이 있다는 아이디어가 못마땅했다. 그는 더 완전한 이해를 원했고, 모든 가능한 관점을 한꺼번에 포용할 수 있는 이해를 원했다. 그는 특히(하나의 시험적인 사례로) 입자의 위치와 속도를 동시에 측정할 수 있기를 원했다. 그는 이 문제에 대해 깊이 생각했고, 입자의 위치와 속도(또는 운동량*)가 동시에 드러날 수 있는 실험을 설계하기 위해 노력했다. 아인슈타인의 천재적인 사고 실험은 하이젠베르크가 고려했던 것보다 더 세밀했다.

유명한 보어-아인슈타인 논쟁에서, 아인슈타인은 일련의 사고 실험으로 보어에게 도전했다. 이 논쟁에 대해서는 보어가 쓴 〈원자물리학의 인식론 문제에 대한 아인슈타인과의 토론〉에 설명되어 있다. 아인슈타인의 사고 실험은 양자역학의 상보성, 특히 에너지와 시간의 상보적 측면들을 공격했다. 아인슈타인은 여러 가지 사례를 제시했지만 그때마다 보어는 아인슈타인의 분석에서 미묘한 결함을 찾아냈고, 양자론의 물리적 정합성을 수호할 수 있었다.

이 논쟁들과 그 뒤를 이은 다른 논쟁들은 양자론의 본질을 명료하게 해주었고, 아직까지는 양자론이 틀렸다고

• 불확정성에 대한 이전의 논의에서 나는 위치와 속도를 말했다. 물리학 문헌에서는 속도 대신에 운동량을 말하는 경우가 더 흔하고, 기술적인 이유로 더 편리하다. 이 책에서는 속도를 계속 사용할 것인데, 대부분의 사람들에게 속도가 더 익숙하기 때문이다.

입증하지 못했다. 논쟁이 계속되는 중에도 사람들은 양자론을 이용해서 놀라운 것들을 계속해서 설계했고, 여기에서 레이저, 스마트폰, GPS 같은 것들이 나왔다. 이러한 양자론 기반의 설계들이 작동하지 않을 수도 있었지만, 그것들은 잘 작동했다. "당신을 죽이지 않는 것은 당신을 강하게 한다"면, 양자론과 그 속에 들어 있는 상보성은 이제 진정으로 강해졌다.

(앞에서 언급한 코끼리에 대해 양자 불확정성이 어떤 의미인지 궁금해 한다면, 다음과 같이 대답할 수 있다. 양자 불확정성은 코끼리에 대해서도 원리적으로 존재하지만, 무시해도 아무 상관이 없다. 우리는 모든 실용적인 목적에 봉사하기에 충분할 정도로 코끼리의 위치와 운동량을 둘 다 동시에 측정하는 데 아무 문제가 없다. 이 정도로 큰 물체의 불확정성은 물체의 크기에 비해 너무 작아서 무시해도 좋다. 그러나 원자 속의 전자라면 이야기가 달라진다.)

설명의 수준

상보성의 또 다른 원천은 우리가 다루는 계의 규모에서 나온다. 어떤 모형으로 계를 설명하기가 너무 어려우면,

다른 개념을 바탕으로 하는 모형을 사용해서 더 쉽게 설명하고 중요한 질문에 답할 수 있는 경우가 있다.

구체적인 사례를 보면 무슨 뜻인지 쉽게 알 수 있을 것이다. 다음 사례는 이해하기 쉽지만 깊은 의미를 담고 있으며, 여러 분야에 적용된다. 열기구를 채우는 기체는 엄청나게 많은 수의 원자들로 구성되는데, 원자의 역학 법칙으로 기체의 행동을 예측하려고 하면 두 가지 큰 문제에 직면한다.

- 고전역학을 적용하는 데 만족한다고 해도(하나의 근사로), 어떤 초기 시간의 원자 각각의 위치와 속도를 모두 알아야 방정식에 넣을 데이터를 얻을 수 있다. 그만큼 많은 데이터를 수집하고 저장하는 것은 현실적으로 불가능하다. 그렇다고 양자역학을 적용한다고 해도 문제가 더 악화될 뿐이다.
- 어떻게든 이 데이터를 얻어서 저장했다고 해도, 입자의 운동을 추적하기 위해 계산을 한다는 것은 훨씬 비현실적이다.

이렇게 어려운 상황에서도 숙련된 열기구 비행사들은 능숙하게 기구를 운전한다. 어떤 면에서 기체는 쉽게 예측 가능한 방식으로 행동한다.

근본적으로 다른 개념들, 즉 밀도, 압력, 온도를 도입함으로써 우리는 공기의 대규모 행동을 기술하는 단순한 법칙을 찾아낼 수 있다. 열기구 비행사들이 필요로 하는 답은 이 개념들로 얻을 수 있으며, 원자 개념은 필요하지 않다. 원자 개념에 의한 설명은 원리적으로 훨씬 더 많은 정보를 담고 있지만, 열기구를 다룰 때 이 정보의 대부분은 쓸모가 없다(더 나쁘게는 주의를 분산시킨다). 예를 들어 어떤 특정한 원자의 위치와 속도를 생각해보자. 이 양들은 자신의 운동과 다른 원자들과의 충돌 때문에 시간에 따라 빠르게 변한다. 원자의 실제 궤적은 출발할 때의 정밀한 값에 민감하며, 다른 원자들이 무엇을 하고 있는지에 대해서도 민감하다. 따라서 특정한 입자의 위치와 속도에 대한 정보는 사악할 정도로 계산하기 어려우며, 계산해놓아도 금방 달라진다. 짧게 말해서 이 정보는 단순하지도 않고 안정성도 없다. 밀도, 압력, 온도는 이런 면에서 훨씬 더 좋다. 이 단순하고 안정된 성질을 가진 양들을 발견하고 정량화한 것은 과학의 주된 업적이며, 이것을 중요한 질문에 대답하기 위해 사용할 수 있다.

과학의 대부분은 우리가 관심이 있는 질문에 대답할 수 있는 단순하고 안정된 성질에 대한 탐색이다. 우리는 때때로 이러한 것들을 창발적 성질이라고 부른다. (7장에서 이 개념을 조금 다른 각도에서 다루었다.) 유용한 창발적 성질들을 찾아내는 것과 이것들을 솜씨 좋게 사용하는 방법을 배우는 것은 큰 성취일 수 있다. 이러한 경성과학 hard science(즉, 연성과학soft science인 사회과학과 대비되는 자연과학—옮긴이)은 그 역사에 걸쳐 많은 중요한 창발적 성질들(엔트로피, 화학결합, 강성剛性 등)을 만들어냈고, 이것들을 바탕으로 많은 유용한 모형을 구축했다.

경성과학 바깥에서도 비슷한 일이 일어난다. 우리는 사람들의 행동을 더 유용하게 이해하기를 좋아하는데, 예를 들어 주식 시장 같은 것을 이해하고 싶어 한다. 이 주제들을 '원자적'으로 접근해서 개별 뉴런 또는 개별 투자자들(그것들을 이루는 쿼크, 글루온, 전자, 광자는 제쳐두고서)의 행동 수준에서 연구하려면 절망적으로 복잡해진다. 당신의 목표가 사회 속에서 잘 살아가거나 투자로 돈을 버는 것이라면 이것은 비실용적인 접근이다.

그래서 우리는 다른 개념을 사용한다. 이 개념은 당신이 심리학이나 경제학 문헌에서 찾아볼 수 있는 것들인데, 거대 규모의 질문에 대답하려면 이런 개념들을 사용해야 한다. 이 개념들로 구축한 사람들과 시장의 모형들은 세분된 '원자' 모형에 대해 상보적이다. 심리학과 경제학에서 우리는 아직 물리학자들이 기체의 모형을 신뢰성 있게 다루는 것만큼 많은 모형을 얻지 못했다. 창발적인 성질들을 찾아내고, 그것들로부터 유용한 모형을 구축하는 탐색은 계속된다.

세계를 가장 기본적인 빌딩 블록으로 설명하는 일에는 커다란 만족감이 있다. 그런 설명이 이상적이라고, 더 높은 수준의 설명은 단지 근사일 뿐이고, 타협이며, 이해의 부족이라고 말하고 싶기도 하다. 그러나 이런 태도는 완벽함을 좋은 것의 적으로 만든다. 이런 태도는 피상적으로 심오하며, 심오하게 피상적이다.

관심이 있는 질문에 대답하기 위해 우리는 자주 초점을 바꿀 필요가 있다. 새로운 개념과, 이것들을 가지고 일하는 새로운 방법을 발견(또는 발명)하는 것은 끝이 정해져 있지 않은 창조적인 행위이다. 컴퓨터 과학자들과 소프트웨어 엔지니어들은 유용한 알고리듬을 설계할 때 지식이 어떻게 표현되는지에 관심을 기울이는 것이 중요하다는 것을 잘 알고 있다. 좋은 표현은 사용 가능한 지식과 '원리적으로만' 가능한 지식을 구별할 수 있다. 원리적으로만 가능한 지식이란 실행하기까지 너무 오래 걸리고 너무 장애가 많은 것을 말한다. 이것은 금괴를 소유하는 것과 바다에 대량의 금 원자가 떠다닌다는 사실을 원리적으로 아는 것의 차이이다.

이런 이유로, 근본 법칙들을 완벽하게 이해한다고 해도, 이것은 '모든 것의 이론'도 아니고 '과학의 종말'도 아닐 것이다.* 우리는 여전히 실재에 대한 상보적 설명이 필요하다. 여전히 거대한 질문들이 대답되지 않은 채로 남아 있을 것이고, 수행해야 할 위대한 과학적 연구가 남아 있을 것이다.

언제나 그럴 것이다.

과학을 넘어서: 지혜로서의 상보성

예술의 사례

나의 음악가 친구 미나 푈라넨은 내가 앞에서 잠깐 언급했던 음악에서의 상보성을 아름답게 보여주었다. 다성음악에서는 크게 다른 두 가지가 동시에 일어난다. 각각의 성부에 선율이 있고, 앙상블이 화음을 이루어 진행된다. 우리는 선율에 집중하거나 화음에 집중할 수 있다. 두 가지는 각각 음악과 상호작용하는 의미 있는 방식이다. 당

---

* 대중과학 보도에서 고질적으로 사용되는 이 두 문구가 나는 심하게 거슬린다.

신은 둘 사이를 오갈 수 있지만, 진정한 의미에서 둘 다를 동시에 완벽하게 음미할 수는 없다.

피카소와 큐비즘 화가들은 상보성을 도식적으로 포착하는 시각 예술을 창조했다. 같은 그림에 다른 시점을 집어넣어서, 화가가 중요하다고 느끼는 것을 마음대로 표현하는 자유를 누린다. 어린아이들도 이런 방식으로 그림을 그린다. 아이들은 기묘한 과장과 중복으로 모순된다고 여겨질 수 있는 서로 다른 관점들을 강조한다. 물리적 세계에서는 이런 것들을 동시에 구현할 수 없다. 그러나 천진난만한 아이들이나 천재적인 거장의 작품에서는 솔직한 상보성이 매혹적으로 보일 수 있다.

사람의 모형: 자유와 결정론

우리는 사람에 대한 심적 모형을 구성해서, 그 사람에 대한 질문에 대답하기 위한 방법으로 사용한다. 예를 들어 어떤 사회적 상황에서 그 사람이 어떻게 행동할지 예측하고 싶으면, 그의 인격, 정서적 상태, 살아온 이력, 그가 태어나고 자란 문화 등을 고려할 것이다. 짧게 말해서 우리는 그 사람의 마음과 동기의 모형을 구성한다. 이 모형의 중심에는 의지(선택하는 마음)의 개념이 있다.

반면에, 똑같은 사람이 핵폭발의 원점에 있을 때 어떤

일이 일어나는지 예측하고 싶으면, 물리학에 바탕을 둔 완전히 다른 모형이 더 적절할 것이다. 이 경우에 마음과 의지는 전혀 중요하지 않다.

두 모형이 하나는 마음과 심리학에 바탕을 두고, 다른 하나는 물질과 물리학에 바탕을 두지만, 둘 다 타당하다. 각각의 모형은 서로 다른 종류의 질문을 성공적으로 다룬다. 그러나 둘 다 완전하지는 않으며, 서로 맞바꿀 수 없다. 사람들은 스스로의 의지에 따라 선택을 하지만, 그들의 몸은 물질의 법칙들을 따른다. 상보성의 정신으로 우리는 둘 다 받아들인다. 어떤 것도 다른 것들에 의해 반박되지 않는다는 것을 우리는 알고 있다. 사실들은 다른 사실들이 틀렸다고 입증하지 못한다. 두 가지 상반되는 사실은 실재를 처리하는 다른 방식이 있다는 것을 반영한다.

사람들은 행동을 스스로 선택하는 자유로운 존재인가, 아니면 수학적 물리학의 선율에 따라 춤추는 꼭두각시인가? 이것은 나쁜 질문이며, 음악이 화음인지 선율인지 묻는 것과 다르지 않다.

자유의지는 법과 도덕에서 필수적인 개념이지만 물리학은 이 개념이 없어도 성공적인 이론이다. 법에서 자유의지를 제거하거나 물리학에 자유의지를 포함시키면 그 주제들은 엉망이 될 것이다. 이것은 전적으로 불필요하다! 자유의지와 물리적 결정론은 실재의 상보적인 면이다.

상보성, 정신의 확장, 관용

상보성의 기본 메시지를 더 단순한 용어로 표현해보자.

- 답을 얻고자 하는 질문이 사용해야 할 개념을 주조한다.
- 동일한 대상을 분석할 때, 서로 다르거나 심지어 모순되는 방법들이 각각 타당한 통찰을 내놓을 수 있다.

이렇듯 상보성은 다른 관점을 고려하자는 권유이다. 상보성에 의해, 익숙하지 않은 질문들, 익숙하지 않은 사실들, 익숙하지 않은 태도들이 새로운 관점과 그 관점에서만 보이는 것들을 배울 기회를 준다. 상보성은 마음을 확장시켜준다.

왜 상보성을 예술과 과학, 철학과 과학, A 종교와 B 종교, 종교와 과학에서 생길 수 있는 갈등에 적용하지 않는가?

이것으로 세계를 보는 다른 방식을 조명할 수 있다. 개인적인 경험을 돌아보면, 어린 시절에 가톨릭의 영향을 받아 우주적으로 생각하고 사물의 겉모습에서 숨은 의미를 찾으려는 영감을 얻게 되었다. 이 태도들은 내가 신앙의 엄격한 교의를 포기한 뒤에도 지속적으로 나에게 좋은 영향을 준 축복이었다. 오늘날 나는 플라톤, 성 아우구스티누스, 데이비드 흄, 또는 과학의 기원이 된 '과거의' 연구(갈릴레오, 뉴턴, 다윈, 맥스웰)로 돌아가서 위대한 정신과 대화하고, 다르게 생각하기를 연습한다.

물론 다른 사고방식을 이해하려고 노력한다고 해서 반드시 그 사고방식에 동의할 필요는 없으며, 그것을 자신의 것으로 받아들이지 않아도 좋다. 상보성의 정신으로 우리는 냉정하게 거리를 유지해야 한다. 유일하게 '올바른' 관점이라고 선언하는 배타적 권리를 주장하는 이데올로기 또는 종교들은 상보성의 정신에 어긋난다.

과학은 특별한 지위에 있다고들 한다. 과학은 수많은 응용 분야에서 이룬 인상적인 성공을 통해서, 물리적 실재를 분석하는 방법으로서뿐만 아니라 그 결과로 얻게 된 세계에 대한 이해로 엄청난 신뢰를 얻었다. 스스로를 비좁게 정의하는 과학자들은 자신들의 정신을 풍요롭게 하는 데 실패하지만, 과학을 피하는 사람들도 스스로의 정신을 빈곤하게 하기는 마찬가지이다.

상보성의 미래

정확성과 이해가능성

슈퍼컴퓨터와 인공지능의 발전으로 우리가 물어볼 수 있는 질문의 종류와 우리가 찾을 수 있는 답의 종류가 변하고 있다.

보어 자신이 반쯤 농담으로 명료함과 진실성이 상보적이라 말한 적이 있다. 이것은 너무 멀리 간 것이다. 산술의 기초처럼 명료하면서 참인 것도 있기 때문이다.

그러나 초인적 계산이 필요한 성공적인 모형들은 비슷한 상보성을 갖는다. 이것은 상당히 심각하다. 체스와 바둑을 두는 실력은 한때 지성의 첨단을 대표한다고 여겨졌지만, 지금은 컴퓨터가 최고수이다.

이 게임들에는 위대한 인간 경기자가 그들의 지식을 조직화하는 데 사용한 개념들을 설명하는 방대한 문헌이 있다. 오늘날의 챔피언인 컴퓨터는 이런 개념들을 사용하지 않는다. 인간의 개념들은 엄청난 상상력과 병렬 처리를 수행하는 뇌에 맞춰진 것이지만, 사람의 뇌는 상대적으로 기억력이 떨어지고 느린 속도로 작동한다. 컴퓨터는 완전히 다른 개념을 발전시킬 수 있고, 그저 자신을 상대로 여러 번 게임을 하면서 그것이 어떻게 작동하는지 관찰해서 효과적인 인간의 개념들을 독립적으로 알아낼 수 있다. 다시 말해서, 실험에서 배우는 과학적 방법을 따르는 것이다.

강한 상호작용에 대한 이론인 양자색역학에서, 물리학자들은 쿼크와 글루온의 기본 방정식들과 최종적으로 자연에 나타나는 더 복잡한 물체들 사이에 다리를 놓는 개념들을 발명했다. 이 개념들은 인간 정신을 도와서 문제를 파악하게 해주었다. 그러나 오늘날 가장 좋은 전략은 (현재로서는) 슈퍼컴퓨터에게 최소한의 지시와 함께 계산을 맡기는 것이다.

이 예들은 명료함(그리고 진실성) 때문에 특히 눈에 띄지만, 이것들이 예증하는 기본적인 현상, 즉 보조 도구 없이 사람의 두뇌만으로는 하기 어려운 발견을, 생각하는 기계가 모형을 이용해서 해내는 사례가 점점 더 많아질 것이다.

짧게 말해서 인간의 이해가능성comprehensibility과 정확한 이해는 상보적이다.

겸허함과 자긍심

겸허함과 자긍심의 상보성은 우리의 근본에서 나오는 중심적인 메시지라고 나는 생각한다. 이것은 다양한 변종으로 되풀이해서 나타난다. 우주의 광활함은 우리를 왜소하게 만들지만 우리에게는 많은 뉴런이 있고, 그 뉴런은 훨씬 더 많은 수의 원자들로 이루어진다. 우주 역사의 길이는 인간 수명을 훨씬 뛰어넘지만, 우리는 엄청난 수의 생각을 할 만큼의 시간을 갖고 있다. 우주의 에너지는 인간이 사용할 수 있는 양을 뛰어넘지만, 우리에게는 주변의 환경을 변경하고 여러 사람들이 함께 활동적으로 살아갈 수 있는 방대한 에너지가 있다. 세계는 너무나 복잡하고 알 수 없는 일들이 많지만, 우리도 충분히 많이 알고 있고, 많이 배우고 있다. 겸허함이 합당하지만, 자긍심도 마찬가지이다.

자율적인 범용 인공지능이 사람의 수준에 도달하려면 수십 년이 걸릴 것이다. 그러나 파국적인 전쟁, 기후 변화, 전염병을 막으려는 열망은 강렬하고, 인공지능의 발전은 불가피하다. 한 세기나 두 세기 안에 이 문제들이 해결될 것이다. 공학으로 구현된 장치들이 제공할 수 있는 생각의 속도, 지각의 민감함, 물리적인 힘을 감안할 때, 지적인 능력의 선봉은 가벼운 보조 도구를 갖춘 지금의 인간에서 사이보그와 슈퍼마인드super-mind로 넘어갈 것이다.

유전공학이 초인적 능력을 가진 생명을 만들어낼 수도

있을 것이다. 그들은 오늘날의 인간들보다 더 똑똑하고, 더 강하고, (내가 희망하고 기대하는 바와 같이) 공감 능력이 더 클 것이다.

이러한 어렴풋한 가능성이 실현됨에 따라 오늘날의 생각하는 인간은 더 겸손해질 것이다. 그러나 자긍심은 그대로 유지된다. 과학소설의 독창적인 천재 올라프 스태플던이 1935년에 쓴 소설 《이상한 존Odd John》에서, (돌연변이로) 초인적 지능을 갖춘 주인공은 호모 사피엔스를 "정신의 시조새"라고 부른다.* 친구이자 전기작가인 보통 사람을 그는 애정을 담아 이렇게 부른다.

시조새는 고귀한 생물이었고, 불행하지 않은 생물이었을 것으로 나는 생각한다. 그들의 비행은 어설펐을 수도 있지만 동료 생명체들보다 나았을 것이고, 그들의 조상들보다 나았을 것이다. 비행은 짜릿한 경험이다. 시조새의 영광은 그 후손들의 광채에 의해 높아지고, 줄어들지 않는다.

---

* 시조새는 공룡과 새의 특성을 모두 가진 종으로, 땅에 묶여 있는 공룡과 오늘날 공중에서 우리가 찬탄하는 새를 연결한다.

집으로의 긴 여행

과학의 근본은 편안하지 않다. 우리는 과학의 근본을 배우면서 사고의 습관에 영향을 받는다. 가장 크게 영향을 받는 부분은 진정한 이해의 기준선이 한껏 높아진다는 것이다. 이 기준선이 너무 높아지기 때문에, 우리가 이제까지 달성한 이해가 영원히 부적합해지게 된다. 이것이 존 R. 피어스가 다음과 같이 말한 아이러니의 뜻이다. "우리는 다시는 그리스 철학자들이 했던 것처럼 자연을 이해할 수 없을 것이다."

과학의 근본은 받아들여진 믿음과 관습적인 지혜에 대한 믿음의 근거를 무너뜨린다. 특히 자연현상에 얽힌 신화적인 이야기를 진지하게 받아들이기 어렵게 된다. 아폴론이 태양 마차를 끌고 하늘을 가로질러 간다는 이야기를 도저히 믿을 수 없게 되는 것이다.

이런 태도는 터무니없는 것들을 단순히 믿지 않는 정도를 넘어서 훨씬 멀리 갈 수 있다. 과학적 이해에 도달하고 나면 지식의 나무에서 따 먹을 수 있는 과일이 풍부하고 맛이 좋아서 다른 음식들에 대한 입맛을 잃어버릴 수 있다. 과학 외의 문헌들은 신선하지 않고, 비과학적인 철학은 어리석고, 비과학적인 예술은 무의미하고, 비과학적인 전통은 공허하고, 물론, 비과학적인 종교는 터무니없어 보인다. 이것이 10대 초에 처음으로 현대 과학에 열광하며 몰두하던 시절 나의 태도였다.

과학의 근본을 받아들이는 대가로 이토록 고통스럽게 시야가 좁아진다면, 많은 사람들이 대가가 너무 비싸다고 합당한 결론을 내릴 것이다. 고맙게도 과학을 이토록 편협하게 적용하지 않고도 우리는 과학의 근본을 배울 수 있다.

과학은 사물이 어떠한지에 대해서 많은 중요한 것들을 알려주지만 사물이 어떠해야 한다고 선언하지 않으며, 과학이 말해주지 않는 것에 대해 상상하지 말라고 막지도 않는다. 과학은 아름다운 아이디어들을 담고 있지만, 아름다움을 소진시키지 않는다. 과학은 물리적 세계에 대해 풍성한 결실을 가져오는 독창적인 방법을 주지만, 과학은 인생에 대한 완벽한 지침이 아니다.

나는 조용히 성찰하면서 이러한 사실들을 음미하기 시작했다. 많은 시간이 지나서 나는 그 진실을 어느 때보다 더 깊이 느끼게 되었다.

———

들어가는 말에 나왔던 아이는 이제 어른이 되어서, 과학이 급진적이면서도 보수적인 방법으로 물리적 세계에 도달한다는 근본적 결론을 이해하게 될 것이다. 그런 다음에 그녀는 출발점으로 되돌아가서 그때까지 배운 지식의 등불로 실재를 새롭게 비춰볼 준비를 마칠 것이다. 이런 의미에서 그녀는 다시 태어나기로 마음먹을 수 있다.

이것은 아무 근심이 없는 선택이 아니다. 이것은 분열적이다. 그러나 이것은 정직함의 문제이며, 우리는 이 선택을 피할 수 없다. 우리는 이 책에서 과학적 근본의 증거를 조금 맛보았다. 이 증거는 모든 것을 둘러싸고 있으며, 반박할 수 없다. 이것을 부정하면 정직하지 않다. 이것을 무시하면 어리석다.

따라서 우리의 여주인공은 내적 세계와 외적 세계로 분리되는 경험에 대해 다시 생각한다. 과학의 근본은 그녀에게 물질이 무엇인지에 대해 많은 것을 가르쳐주었다. 그녀는 물질이 단 몇 종류의 빌딩 블록으로 만들어졌다는 것을 알며, 그 성질과 행동을 자세히 이해하고 있다. 그리고 그녀는 직접 경험으로부터, 과학자들과 엔지니어들이 이러한 지식을 이용해서 인상적인 창조물을 만들수 있다는 것을 알고 있다. 그녀는 스마트폰으로 전 세계의 친구들과 순간적으로 연락하고, 인간의 축적된 지식을 마음대로 찾아보고, 영상과 음악을 통해서 그녀의 감각세계를 시간의 가차 없는 흐름에서 벗어나게 할 수 있다.

그녀는 또한 다른 사람, 그리고 자기 자신이라고 인지하는 특별한 대상들이 세계의 나머지 부분과 동일한 종류의 물질로 이루어졌음을 배웠다. 한때 미스터리였던 생명체의 특징들, 그들이 어떻게 에너지를 얻는지(대사), 어떻게 번식하는지(유전), 어떻게 환경을 감지하는지(지각) 등에 대해 이제 아래에서 위로 올라가면서 이해한다. 이제 우리는 분자(궁극적으로 쿼크, 글루온, 전자, 광자로 이루어진다)들이 어떻게 이러한 묘기를 부리는지 상당히 세부적으로 이해한다. 이것들은 물질이 물리법칙들을 따름으로써 할 수 있는 복잡한 일들이다. 그 이상도, 그 이하도 아니다.

이러한 이해는 생명의 영광을 더럽히지 않는다. 오히려 물질의 영광을 드높인다.

이 모든 것으로 비춰볼 때, 위대한 생물학자 프랜시스 크릭이 말한 '놀라운 가설'을 받아들이는 것이 급진적이면서도 보수적인 태도이다. 정신은 모든 면에서 "신경세포와 관련된 분자들의 방대한 조립물들이 수행하는 행동일 뿐이다". 참으로 이것은 뉴턴의 분석과 종합을 뇌에까지 확장한 것이다. 신경생물학의 실험가들은 이 전략을 공격적으로 따라갔다. 정신이 어떻게 작동하는지에 대한 우리의 이해는 여전히 불완전하지만, 이 전략은 결코 실패하지 않았다. 생물학적 유기체에서 몸과 뇌의 통상적인 물리적 사건에서 벗어난 정신의 힘을 마주친 사람은 아무도 없다. 가장 섬세한 실험에서도 물리학자들과 생물학자들은 근처에 있는 사람들의 생각이 실험에 영향을 주는 것을 결코 본 적이 없다. 이제는 프랜시스 크릭의 책 제목이기도 한 '놀라운 가설'이 실패한다는 것이 놀라운 일일 것이다.

이러한 깨달음 앞에서, 내부 세계와 외부 세계로 경험을 나누는 것은 피상적인 일로 보인다. 아기들에게는 이러한 분리가 유용한 발견이고 어른들에게는 편리한 작업 규칙이다. 그러나 우리의 최상의 이해는 어쨌든 세계는 하나라고 말한다. 깊이 이해하면 물질에는 정신을 위한 방대한 여유 공간이 있다. 그러므로 물질은 정신을 담고 있는 내부 세계의 집이 될 수 있다.

이러한 세계에 대한 통일된 관점에는 장대한 단순함과 이상한 아름다움이 둘 다 있다. 그 속에서 우리는 우리 자신을 물리적 세계 바깥에 있는 독특한 대상('영혼')이라고 보지 말아야 하며, 그보다는 정합적인, 물질의 역동적 패턴으로 보아야 한다. 이것은 익숙하지 않은 관점이다. 과학의 근본에 의해 강력하게 지지되지 않는다면, 이 관점은 설득력이 없어 보일 것이다. 그러나 여기엔 진리의 미덕이 있다. 그리고 한번 받아들이고 나면 이것은 해방으로 여겨질 수 있다. 알베르트 아인슈타인은 이것을 일종의 신조로 삼았다.

인간은 우주라고 불리는 전체의 일부이며, 그 일부는 시간과 공간에 의해 제한된다. 인간은 스스로를, 자신의 생각과 느낌을 나머지와 분리된 것으로 경험하며, 이것은 그의 의식 속의 일종의 광학적 허상이다. 이 허상은 우리에게 일종의 감옥이다.

—

과학이 우리에게 가르쳐주는 것은 당위what ought to be가 아니라 실재what is이다. 나는 이것을 명확하게 하는 것이 고통스러웠다. 과학은 우리에게 선택된 목표를 달성하도록 도와줄 수 있지만, 우리를 위해 목표를 선택해주지는 않는다.

이 마지막 절에서 나는 우리의 여주인공이 달성한 세계에 대한 통일된 관점과 도덕적 태도를 연결하고 싶다. 이 연결은 과학적 증명은 아닐 것이다. 이 연결이 매력적인 이유는 그 조화에 있다.

도덕의 관점이 시대에 따라 변해왔다는 것은 잘 알려진 사실이다. (여기에서 나는 21세기 초 미국 문화의 관점에서 뒤돌아본다.) 경험과 합의에 기초하여, 사람들은 점차적으로 낡은 관점을 포기하고 새로운 것을 받아들인다. 따라서 경험과 합의로 판단했을 때, 새로운 관점은 옛 것보다 더 좋아졌다고 말하는 것이 공정하다. 노예제도는 많은 고대 세계에서 당연하게 여겨졌지만 이제는 거의 보편적으로 비난받으며, 인종주의, 성차별, 국가주의적 공격, 동물에 대한 잔인한 행동도 마찬가지다. 이 모든 발전에서 공통적인 주제는 공감의 원이 확대된다는 것이다. 우리가 진보함에 따라 우리는 다른 사람들과 생명체들을 우리 자신과 마찬가지로 내적인 가치가 있고 심오한 존중을 받을 가치가 있는 존재로 보게 되었다. 우리가 우리 자신을 물질의 패턴으로 보면, 우리의 친근함의 원을 매우 크게 그리는 것이 진정으로 자연스럽다.

아인슈타인의 신조는 이렇게 계속된다.

> [이 허상은 우리에게 일종의 감옥이며,] 개인적인 욕망과 우리와 가장 가까운 몇몇 사람들에 대한 애착으로 우리를 제한한다. 우리의 과업은 우리 자신을 이 감옥에서 해방시키고 공감compassion의 원을 넓혀서 모든 살아 있는 생명체들과 아름다움을 가진 자연 전체를 껴안는 것이다.

이 해방과 공감empathy이라는 과업은 과학의 근본에 대한 이해와 분리되어 있지 않다. 이해는 우리가 이 과업을 달성하도록 돕는다. 우주는 이상한 곳이며, 우리는 모두 함께 우주 속에 있다.

나는 살아오는 동안 놀라울 정도로 나를 지원해준 부모
님, 가족, 선생님, 그리고 개별적으로 언급하기에 너무나
많은 친구들을 두는 축복을 누렸다. 그런 한편으로, 내가
뉴욕시 공립학교 제도에 진 빚을 생각하며 특별히 고마
움을 표시하는 것이 적절할 것이다.

앨프리드 새피어, 우 비아오, 토머스 홀론, 패티 반스가
이 책의 초고를 읽고 가치 있는 조언을 해주었다. 나는 편
집자 크리스토퍼 리처즈, 엘리자베스 퍼롱과 가깝게 일했
고, 펭귄출판사의 많은 사람들의 도움을 받았다. 존 브록
만, 카틴카 매트슨, 맥스 브록만이 이 책을 쓰도록 용기를
주었고, 전체를 볼 수 있도록 도와주었다.

본문을 보완해주는 유익한 정보이지만 밀접한 관련이 없거나 이 책의 맥락에서 너무 전문적인 것들을 모아서 이 부록에서 짧게 설명했다.

성질로서의 질량

질량은 입자의 행동의 두 측면에 대해 지닌 역할이 있으며, 관성과 중력을 둘 다 지배한다. 물체의 관성은 운동의 변화에 대한 저항으로 측정한다. 따라서 관성이 큰 물체는 큰 힘을 받지 않는 한 현재의 속도를 유지하려고 한다. 입자의 중력은 다른 입자들에 작용하는 보편적인 인력이다. 입자의 질량이 크면 클수록 중력이 크다. 입자의 중력은 일반적으로 입자에 따라 다르다. 그것들에는 단순한 패턴이 없는 것으로 보인다. 많은 물리학자들이 기본 입자들의 질량의 관찰값을 설명하려고 노력했지만, 아무도 성공하지 못했다.[*]

광자, 글루온, 중력자와 같은 가장 중요한 입자들은 질량이 0이다. 이것은 그 입자들이 관성이 없다거나 중력을 행사하지 않는다는 뜻이 아니다. 사실, 그것들은 그렇게 한다. 내 경험으로는 사려 깊은 학습자들도 여기서 자주 어려움을 겪기에 이것을 설명하겠다.

질량은 관성과 중력에 기여하지만, 이것이 유일한 요인은 아니다. 특히, 움직이는 입자는 더 큰 관성을 가지며, 정지한 입자보다 더 큰 중력을 행사한다. 중력 이론에 따르면, 질량이 아니라 에너지가 관성과 중력을 통제한다. 정지해 있는 물체의 경우에 에너지와 질량은 비례하며, 아인슈타인의 유명한 공식 $E = mc^2$에 따른다. 따라서 이 경우에 관성과 중력 둘 중의 하나를 다른 것으로 바꿔서 표현할 수 있다. 물체가 빛의 속력에 비해 천천히 움직일 때는 $E = mc^2$가 여전히 잘 맞는다고 할 수 있다. 이 경우에는 관성과 중력이 질량에 비례한다고 말해도 아주 크

---

[*] 더 정확하게는, 아무도 자기가 성공했다고 다른 사람들을 설득하지 못했다.

게 틀리지는 않는다.

그러나 빛의 속력에 가깝게 운동하는 물체의 경우, $E = mc^2$에서 벗어난다. 그렇다고 해서 아인슈타인이 틀린 것은 아니고, 이번에도 아인슈타인이 만들어낸 더 일반적이고 더 복잡한 공식을 사용해야 한다. 더 일반적인 공식은 광자가 에너지를 가진다는 것을 보여준다. 따라서 광자는 질량이 0이지만 관성을 가지고 중력을 행사한다.

성질로서의 전하

입자의 전하는 전자기력에 참여할 때의 세기를 지배한다. 우리는 이 힘의 본질을 본문에서 살펴보았다. 여기에서는 기본 입자의 한 가지 성질인 전하 자체에 대해서 알아볼 것이다.

전하는 두 가지 성질 때문에 특별히 편리하고 즐겁게 다룰 수 있다. 하나는 가산적인 성질이다. 말하자면 전하들을 단순히 더하기만 하면 물체 전체의 전하를 구할 수 있다는 것이다. 둘째는 전하가 보존된다는 것이다. 이것은 고립된 공간 영역 안에 들어 있는 전체 전하는 그 영역에서 무슨 일이 벌어지건, 같다는 것이다. 전하는 물체들을 가져오거나 꺼낼 때만 변하며, 물체들을 재배열하거나 이것으로 저것을 때린다고 해도 변하지 않는다.

가산적이면서 보존되는 양은 '물질substance'이라는 직관적 개념 속에 구현된다. 그것들은 누적되기만 하고 사라지지 않는다. 당신은 말 그대로 그것을 셀 수 있다.

기본 입자들의 전하는 질량보다 훨씬 더 단순하고 훨씬 더 규칙적인 패턴을 따른다. 많은 기본 입자들은 전하가 0이고, 전하가 0이 아닌 모든 전하는 공통 단위의 정수 배이다.* 어떤 것은 양성이고, 어떤 것은 음성이다.

앞에서 말했듯이 물체의 전하는 전기장과 자기장에 대한 반응의 세기를 지배한다. 전하와 비슷한 것이 두 가지 더 있는데 이것들은 여러모로 전하와 비슷해서, 다른 근본 상호작용에서 비슷한 역할을 한다.

물체의 색전하는 글루온 장에 대한 반응의 세기를 결정한다. 나는 색전하가 전하와 비슷하지만 스테로이드를 맞았다고 말하기를 좋아한다. 색전하의 단위는 강한 핵력의 세기를 결정하는 것으로, 전하(다시 말해 전자의 전하)보다 더 크다. 이것이 강한 핵력을 강하게 만든다. 그뿐만

• 이것이 전하의 만족스러운 세 번째 성질이다. 물리학자들은 조금 혼란스럽게, 이것이 '양자화'되어 있다고 말한다.

아니라 색전하에는 세 종류가 있고, 여기에 반응하는 여덟 가지 글루온이 있어서, 한 종류의 전하와 광자밖에 없는 것과 다르다.

강한 핵력을 지배하는 방정식들의 체계를 양자색역학 QCD이라고 부른다. 이것은 더 크고 더 체계적인 버전의 맥스웰 방정식이다. 이것은 양자전기역학QED을 지배하며, 전자기의 현대적 이론이다. QCD는 스테로이드를 맞은 QED이다.

약전하는 두 종류가 있고, 그 단위는 전하의 단위보다 조금 더 크다. 약전하의 물리적인 중요성은 8장에서 살펴본 힉스 응축체를 둘러싼 아이디어의 맥락에서만 명료해진다.

변화의 입자

내가 변화의 입자라고 부르는 것은 두 종류이다. W와 Z 보손과, 힉스 보손이 있다. 힉스 보손은 양성자보다 100배 무겁다. 이 입자들은 매우 불안정하다. 이 두 가지 사실(무겁다는 것과 불안정하다는 것)은, 이것들이 만들어지기도 어렵고 만들어지자마자 금방 사라진다는 것을 암시한다. 이것들을 만들고 탐지한 것은 최근 10년 사이에 나온 고에너지 가속기 연구의 주요 업적이다. 중성미자는 매우 가볍고 기본적으로 안정되지만, 이것들은 보통의 물질(말하자면, 구성의 입자들로 이루어진 물질)들과 매우 약하게 상호작용한다. 다음의 표는 본문에 나오는 구성의 입자들과 비슷하게 정리한 것이다.

	질량	전하	색전하	스핀
중성미자(세 종류)	< 0.0001	0	없음	1/2
W	157,000	1	없음	1
Z	178,000	0	없음	1
힉스 입자	245,000	0	없음	0

보통의 물질에서 중요한 성분은 아니지만, 이 입자들은 자연 세계에서 결정적인 역할을 한다. 이것들은 변환의 과정, 이른바 약한 상호작용 또는 약한 핵력에 관련된다. 자연 세계에서 약한 핵력의 과정에서 방출되는 에너지가 대륙판을 이동시키고 별에 힘을 공급한다. 이것은 또한 원자로와 핵무기를 가능하게 한다.

중성미자에는 세 종류가 있어서, 질량에 의해 구별되며 미묘하게 다르게 상호작용한다. 이것들은 모두 극단적으로 가볍다. 표에 나와 있듯이, 이것들의 질량은 전자보다 훨씬 작지만, 적어도 두 경우에(거의 확실히 세 가지 모두) 0이 아니다. 전하가 0이고 색전하를 가지지 않으므로, 중성미자들은 보통의 물질과 아주 약하게 상호작용한다. 이런 성질 때문에 연구하기가 까다롭다. 볼프강 파울리가 이론적인 이유로 중성미자의 존재를 제안했을 때, 그는 이것을 학술지에 게재하지 않았다. 그는 핵물리학자들의 학술회의에 보낸 농담 섞인 편지에서 중성미자가 존재할 가능성을 언급했고, 다음과 같은 자조적인 문구를 넣었다. "나는 오늘 탐지할 수 없는 입자를 제안함으로써 아주 나쁜 일을 했습니다. 이것은 어떤 이론가도 하지 않은 일입니다."

그러나 실험가들은 거대한 탐지기를 만들고 작동시켜서 파울리가 에둘러 제안한 이론이 옳다고 입증했다. 오늘날 중성미자 물리학은 매우 활발한 실험 분야이다. 여러 가지 연구가 있지만, 중성미자는 태양의 중심부를 명료하게 보여주고, 초신성 폭발에 힘을 공급하는 난폭한 변환의 내부를 들여다보게 해준다.

마지막의 힉스 입자는 8장에서 충분히 다루었다.

보너스 입자

이번에는 아무도 무엇인지 정확히 알지 못하는 기본 입자들을 살펴보자. 이 보너스 입자들은 모두 불안정하다. 이것들은 고에너지 충돌에서 발견되며, 우주선(20세기 초)이나 입자가속기(더 최근에)에서도 나온다. 그것들 중의 첫 번째인 뮤온은 1936년에 발견되었고, 유명한 물리학자 I. I. 라비가 했던 "누가 이런 걸 주문했나?"라는 빈정대는 말이 학계의 당혹감을 대변했다.

보너스 입자의 질량은 넓은 범위에 걸쳐 있고 특별한 패턴이 없다는 것을 다음의 표에서 알 수 있다.

	질량	전하	색전하	스핀
c 쿼크	2,495	2/3	있음	1/2
t 쿼크	339,000	2/3	있음	1/2
s 쿼크	180	-1/3	있음	1/2
b 쿼크	8,180	-1/3	있음	1/2
뮤온	207	-1	없음	1/2
타우온	3,478	-1	없음	1/2

이 입자들은 세 그룹을 형성한다. 그 성질을 보면 c와 t

쿼크는 u 쿼크의 무겁고 불안정한 버전이며, s와 b 쿼크는 d 쿼크의 무겁고 불안정한 버전이고, 뮤온과 타우온은 전자의 무겁고 불안정한 버전이다.

우리의 마지막 '기본 입자'는 연구가 진행되고 있다. 천문학자들은 많은 상황에서, 설명할 수 있는 것보다 더 많은 중력을 관찰했다. 이것은 작은 불일치가 아니다. 관측된 중력을 얻으려면 보통의 물질이 제공하는 질량의 여섯 배가 필요하다. 이것이 9장에 나온, 이른바 암흑물질 문제이다.

적합한 성질을 가진 기본 입자들이, 다르게는 설명할 수 없는 수수께끼 같은 중력의 원천을 제공하여 암흑물질 문제를 해결할 수 있다. 관찰된 사실은 대략 이 설명과 일치하지만, 이것들은 질량이나 스핀처럼 어떤 입자인지 알 수 있는 입자의 결정적 성질에 대해 충분한 정보를 주지 않는다.

	질량	전하	색전하	스핀
암흑물질	모름	0	없음	모름

더 많은 정보: 대성당으로 가기

파티클 데이터 그룹의 웹사이트는 다음과 같다. http://pdg.lbl.gov. 이 사이트에는 우리의 우주론과 물질과 그 상호작용의 근본적인 이해에 대한 경험적 증거의 연대기와 문헌이 전문적으로 상세하게 정리되어 있다. 이것은 여러 세대에 걸쳐 지구상 모든 대륙의 인류 공동체가 참여하여 물리적 실재의 영광을 기리며 충실하게 건설한 과학의 대성당이다.

벌거벗은 QCD: 제트

쿼크와 글루온 사이의 강한 핵력은 시간과 공간의 분리가 작을 때 약해질 뿐만 아니라, 에너지와 운동량은 크게 변할 때도 약해진다. 이 두 행동은 점근적 자유성의 양면이다. 양자역학의 방정식들을 사용하여 둘 중 하나를 다른 하나에서 유도할 수 있다.

에너지와 운동량의 큰 변화가 드물다는 것에서 놀라운 현상이 나오는데, 이것은 초고에너지 상호작용의 지배적 특성을 보여준다. 이것이 **제트**jet 현상이다. 제트는 QCD

의 핵심을 까발린다. 이것들은 쿼크, 글루온, 그 기본 상호작용을 놀랍도록 직접적이고 확실한 형태로 표현한다.

양성자 속의 쿼크 하나를 외부의 힘으로 억지로 끄집어내면 어떤 일이 일어나는지 생각해보자. 예를 들어 전자로 포격해서 이런 일을 일으킬 수 있다. 이 쿼크는 보통의 환경에서 찢겨져 나와서, 큰 에너지와 운동량을 지닌 채로 양성자를 벗어난다. 그러나 고립된 쿼크는 그대로 유지될 수 없다. 색전하의 균형이 깨져서 색글루온 장도 평형을 유지할 수 없고, 쿼크는 따라서 글루온을 방출하면서 에너지와 운동량을 내뿜는다. 튀어나온 글루온은 다시 글루온을 내뿜거나, 쿼크와 반反쿼크를 내뿜는다. 최초의 충격은 또 쿼크, 반쿼크, 글루온을 쏟아내며, 이것들은 다시 양성자, 중성자, 다른 강입자(하드론)로 바뀐다. 언제나와 같이 쿼크, 반쿼크, 글루온은 단일한 입자로 바뀌지 않으며, 여러 개의 강입자의 조합이 된다.

이것은 복잡해 보이며, 실제로 복잡하다. 그러나 점근적 자유성에 의해 이 혼란에도 구조가 있다. 큰 에너지와 운동량을 전달하는 복사는 드물기 때문에(이것이 점근적 자유성이 말하는 것이다), 폭포처럼 쏟아지는 입자들이 모두 같은 방향으로 움직이게 된다. 결국 많은 입자들이 좁은 원뿔을 이루면서 한 방향으로 쏟아지게 된다. 우리는 이것이 **제트**를 이룬다고 말한다. 전체의 에너지와 운동량이 보존되므로, 제트 속의 모든 입자의 에너지와 운동량은 원래의 쿼크가 강한 충격을 받은 직후의 에너지와 운동량과 같다.

제트는 물리학자에게 놀라운 선물이다. 제트는 최초로 출발한 입자의 에너지와 운동량을 가지므로, 최초 입자의 아바타라고 할 수 있다. 따라서 쿼크와 글루온은 고립된 입자로 존재하지 못하지만, 이런 방식으로 모습을 드러낸다. 쿼크와 글루온의 행동에 대한 예측을 제트에 대한 예측으로 번역할 수 있다. 그러므로 제트에 의해 QCD의 기본 법칙들을 확인할 수 있다. QCD의 법칙이란 쿼크와 글루온에 대한 매우 자세하고 정확한 진술들이다. 이것들은 또한 쿼크와 글루온이 관련되는, 알려지거나 가설적인 다른 과정들에 대한 실마리도 제공한다.

실험가들은 그들이 연구하는 반응에서 얼마나 많은 쿼크와 글루온이 만들어지는지, 에너지와 각도가 어떻게 분포하는지 등을 보고하는 것을 표준적인 관행으로 받아들인다. 그들이 실제로 관찰하는 것은 입자에 대응하는 제트이지만, 수천 번의 성공적인 적용 뒤에 제트에서 입자를 확인하는 것은 일상적인 일이 되었다. 쿼크와 글루온은 이상하고 의심스러운 이론적인 유령으로 세계에 들어

왔고, 이론에 따르면 영원히 속박되어 있어서 고립된 상태로는 결코 관찰되지 않을 것이다. 그러나 아름다운 아이디어에 의해 길들여져서 확인할 수 있는 실재가 되었다. 물론 단순한 입자가 아니라 제트를 통해서이다.

공간의 기하학과 물질의 밀도

일반상대성 이론은 공간의 평균 곡률과 그 속에 있는 물질의 평균 밀도, 우주의 팽창 속도 사이에 놀라운 관계가 있음을 예측한다. 물질의 전체 밀도가 어떤 임계 밀도와 같으면, 우주는 평평할 것이다. 밀도가 더 크면, 우주는 구와 같이 양의 곡률로 휘어질 것이다. 밀도가 더 작으면, 말안장처럼 음의 곡률로 휘어질 것이다.

현재로서는 임계 밀도가 1세제곱센티미터당 10^{-29}그램이다. 이것은 1세제곱미터에 수소 원자 여섯 개가 들어 있는 것과 같다. 이 임계 밀도는 지구상의 실험실에서 도달한 최상의 '초고진공ultra-high vacuum'의 밀도보다 훨씬 낮지만, 이것은 우주 전체의 평균 밀도에 가까운 것으로 여겨진다.

천문학자들은 1장에서 보았던 것보다 더 정교하게 우

주의 기하학적 형태를 측정할 수 있다. 또한 보통의 물질, 암흑물질, 암흑에너지를 더해서 밀도를 측정할 수 있다. 천문학자들의 발견에 따르면 우주는 완전히 평평한 것에 아주 가깝고, 우주의 밀도는 임계 밀도와 아주 가깝다. 이것은 일반상대성의 예측과 일치한다. 이 일치는 암흑물질과 암흑에너지의 미스터리가 일반상대성의 체계 안에서 이해될 수 있다고 생각하도록 용기를 준다. 분명히 암흑물질과 암흑에너지는 일반상대성의 수정을 필요로 하지 않는다.

이 책을 쓴 미국의 물리학자 프랭크 윌첵은 1951년에 뉴욕주에서 태어났고, 2004년에 노벨 물리학상을 받았으며, MIT 교수로 재직하고 있다. 그의 조부와 외조부는 유럽으로 이민 온 사람들이고, 부모는 1920년대 미국 대공황의 힘든 시기에 어린 시절을 보냈다. 리처드 파인먼이나 칼 세이건처럼 대공황을 직접 겪은 과학자들의 다음 세대인 셈이다. 이 과학자들의 부모도 유럽 출신 이민자들이고, 젊은 시절에 맨몸으로 미국으로 와서 정착한 사람들이다.

윌첵의 어린 시절에는 냉전과 우주 경쟁이 한창이었고, 수시로 공습 대피 훈련을 했다고 한다. 윌첵의 아버지는 전자공학에 관련된 직업에 종사했고, 윌첵이 어릴 때 아버지가 전자공학 야간 강좌를 수강해서 집에는 고물 라디오와 초기 텔레비전 모델들이 가득히 있었다고 한다. 그는 고교를 2년 월반했고, 대학에서는 다양한 독서를 즐겼으며, 가장 자유롭게 대학 생활을 할 수 있겠다는 단순한 이유로 수학을 전공했다. 대학원에서부터 물리학을 전공했고, 박사 과정 때 지도교수와 함께 수행한 연구로 30년이 지난 뒤에 노벨상을 수상하게 된다. 그는 1974년에 박사 학위를 받았으니, 20대 초반에 노벨상 업적을 낸 것이다. 이론물리학과 우주론의 여러 분야에 걸쳐 많은 업적이 있고, 대중을 위한 책도 여러 권 썼다. 어린 시절에는 집안의 종교를 따라 가톨릭이었지만, 자라면서 다양한 지식에 접하고 버틀런드 러셀의 저작을 읽으면서 종교와 멀어졌다고 한다. 그는 물리학뿐만 아니라 인간과 세계에 폭넓은 관심을 갖고 있는 학자로, 지식의 통일을 추구하며, 그가 쓴 대중적인 과학 저술은 많은 인기를 얻고 있다.

이 책은 현대 물리학과 우주를 가장 넓은 전망으로 일반 독자들에게 설명한다. 일반 독자들뿐만 아니라 모든 수준의 독자들이 이 책을 읽으면 저마다 얻는 바가 있을 것이다. 어쩌면 이 주제에 대해 알면 알수록 더 많은 것을 얻을 수 있을 것이다. 우주 전체와 물리학 전체를 다루면서도 분량이 아주 많지는 않다. 우주에는 어떤 것들이 존재하고 그 존재들은 어떤 법칙을 따르는지, 이 원리와 법칙들이 지금 우리가 보는 우주의 구조에 어떤 역할을 하고 있는지 등에 관해 설명한다. 이 책은 물리학의 세밀한 부분을 자세히 설명하지 않지만, 일반상대성 이론이 왜 나와야 했는지, 어떤 전제로부터 나왔는지에 대해 알려준다. 힉스 입자의 탐지, 중력파 탐지가 어떤 의미가 있는지에 대해서도 알 수 있다. 빅뱅 우주론이 안고 있는 문제, 표준모형(저자는 '코어'라고 부른다)에 대한 간략한 설명, 그것을 개선하는 것이 얼마나 어려운지와 그 전망 등을 알려준다.

우주 전체와 물리학 전체를 설명하는 이 책을 요약해서 소개하는 것은 부질없는 시도이고, 눈여겨볼 만한 점 몇 가지만 짚어보겠다.

우선, 우주를 제대로 보기 위해서는 어린 시절에 몸에 익혔던 것들을 버리고, 과학이 가르쳐주는 것들을 받아들여서 새롭게 태어나야 한다. 우리가 알고 있는 상식들은 우리의 오감으로 생존에 필요한 것들을 받아들이고 통합한 결과이지 우주를 정확하게 반영하는 것이 아니다. 과학은 오감을 넘어서는 확장된 지각을 제공하며, 그 지각으로 받아들인 정보를 재구성해야 우주를 더 정확하게 파악할 수 있다. 자외선이나 엑스선뿐만 아니라 중성미자, 힉스 입자, 중력파까지 우리의 지각을 확장하는 수단이 된다.

우리의 우주에는 국소성이 중요한 역할을 하며, 따라서 입자보다 장field을 더 중요하게 받아들여야 한다. 멀리 있는 숟가락을 휠 수 있는 초능력자가 원자시계의 진동수를 살짝 바꾸는 일을 결코 할 수 없다. 숟가락을 휘는 에너지의 아주 일부만 있어도 가능한 일인데도 말이다. 국소성의 원리가 성립하기 때문이다.

물리학에는 강한 핵력, 약한 핵력, 전자기력, 중력의 네 가지 힘이 있으며, 저마다 우주의 구조에 특정한 역할이 있다. 약한 핵력은 물질을 변환시키는 힘이며, 이 힘 덕분에 태양은 오랫동안 빛을 낼 수 있다.

가장 평범하고 단순한 것이 가장 심오하다. 가장 단순하고 평범한 원리들, 우주 전체가 같은 종류의 물질로 채워져 있다는 사실이라든가, 국소성 같은 원리들이 거대한 우주의 가장 세밀한 부분까지 심오한 영향을 준다. 우주가 물리학의 법칙으로 구축되고, 그 속에 인간과 같은 복잡성을 가진 존재가 나타날 수 있는 구조가 갖춰져 있다. 이 모든 것을 한 가지 관점으로 봐서는 불완전하고, 대립되는 관점들의 상보성을 수용해야 한다.

이 책을 잘 읽기 위해서는, 처음부터 순서대로 찬찬히 읽어나가되 생소하거나 어려운 부분은 넘어가도 좋다. 쉽게 술술 읽히는 부분도 많이 있는데, 이런 부분을 쉽다고 건성으로 넘어가지 말고 정독하는 것이 좋다. 이 책은 거대한 지도이면서, 세부적인 주제에 대한 귀중한 조언이 간략하게 주어지기도 한다. 이런 서술과 내용은 다른 어떤 책에서도 보기 힘든 이 책만의 장점이다. 한 번 읽은 뒤에는, 다른 과학 책을 읽은 뒤에 한 번씩 다시 읽어보면 좋을 것이다. 물리학과 우주론에 익숙해지면 이 책에서 더 많은 것을 얻게 될 것이다. 부록은 본문과 어느 정도 독립적이어서 읽지 않아도 무관하지만, 굉장히 알찬 내용이므로 호기심에 넘치는 독자들은 놓치지 않고 읽게 될 것이다.

프랭크 윌첵은 최고의 이론물리학자이고, 비종교인이면서도 경건하고 겸허하며, 사고의 폭이 넓고 깊다. 그의 매력적인 인품이 이 책에도 잘 드러난다. 과학과 우주에 대해 책을 찢고 나올 듯한 화려한 설명은 아닐 수 있지만, 깊이 읽을수록 책 속에 깃들어 있는 저자의 깊은 사려를 감지하게 될 것이다. 이런 점을 느낄 수 없다면, 그것은 저자보다는 옮긴이의 책임이다. 이제까지 적지 않은 교양 과학서들을 옮겼지만, 이 책만큼 공을 들인 경우는 거의 없었다. 옮긴이의 역량이 부족해서 이 책에서 감명을 느끼지 못했다고 해도, 프랭크 윌첵이라는 뛰어난 저자가 독자들에게 기억되기를 바란다.

김희봉

ATLAS 탐지기 253

DNA와 DNA 서열 64, 194, 195

FQHE(분수 양자 홀 효과) 137

GDP 23

GPS(범지구위치결정시스템) 40-44, 49, 73, 93, 178, 302

〈J. 앨프리드 프루프록의 사랑 노래〉(엘리엇) 91

K 중간자 273

LHC(대형 강입자 충돌기) 253

QCD(양자색역학) 155, 183, 289, 329

　-의 기초 164-170

　-과 역동적 복잡성 201

　- 계산에 사용되는 슈퍼컴퓨터 290, 312, 313

　제트 334-337

　통일장 이론 181-184, 239

QED(양자전기역학) 151, 155, 177-179, 329

　-의 기초 158-164

　-와 역동적 복잡성 201

　통일장 이론 181-184, 239

T 위반과 시간역전 대칭 215-218, 270-275, 289

W 보손 250, 251, 329

Z 보손 250, 251, 329

ㄱ

가상현실 112, 264

가속도 43, 171-173

　초과 가속도에 대한 설명 276-280

가우스, 카를 프리드리히 40, 46

가이거, 한스 66-68, 94, 165

각운동량 118-120

갈루아, 에바리스트 89

갈릴레이, 갈릴레오 11, 28

감마선 14, 47, 129, 149, 261

강입자(하드론) 167, 176, 273, 335

강한 핵력 130, 155, 156, 165, 176,
178, 183, 199, 201, 207, 289,
328, 329, 334, 342 → QCD

갯가재 246

거리와 거리 측정
-과 시간 45, 59
근본적인 힘의 거리와 세기 168,
183
아원자/원자 간 거리 63, 71-73,
94
양자적 거리의 요동 72
우주적 거리의 측정 49-56, 59,
60, 283, 284
우주의 지평선 56-60, 68-70

거미 244

《걸리버 여행기》(스위프트) 99

겔만, 머리 166

경두개 자기 자극 방법(TMS) 17, 18

경입자(렙톤) 274

계절의 순환 26, 79, 80

고바야시, 마코토 273, 274

고전역학 29
-과 GPS 43
그다음의 탐구를 위한 개념 체계
144-146, 276, 277

뉴턴의 중력 이론 107-109, 144,
146, 171, 172, 174
암흑물질 문제 277, 278

공간
물질로서의- 72, 139
-을 채우는 매질로서의 장 144-
151
-의 기하학 69, 219, 225, 226,
337, 338
-의 밀도/질량 282-284, 337,
338
-의 운동 71-73

공감과 과학적 이해 322, 323

과학소설(SF) 77, 79, 98, 112, 315

과학의 종말 307

과학적 방법과 발견 23-25, 44, 45
-과 네 가지 기본 원리 103-107,
109-111
-과 상보성 299, 300, 305-311
관찰/측정의 물리적 영향 299,
300
해석의 사다리 64, 68

과학적 지식과 과학적 이해 10, 11,
177-181, 316-323
-의 잠재적 위험 205-207
코어 개념 179-185

과학혁명 24, 25, 105

관성과 관성 질량 118, 171, 172,
282, 283, 325-327

관용 310

광년 50-52, 60

광자 102

-의 존재를 예측하는 초기의 연구 128, 129, 150-152

-의 행동과 성질 123, 129-132, 136, 326

장의 존재의 증거로서의 상호 교환성 153, 154

힉스 입자 붕괴 산물로서의 광자 쌍 254, 255

→ 스펙트럼과 분광학

광자장 159

→ 전자기력과 전자기장

교환 관계 → 양자 조건

구멍 135, 136

구성의 입자 122-133

→ 전자, 글루온, 중력자, 광자, 쿼크

구스, 앨런 226

국소성 104, 106-108, 110, 113, 144, 146, 154, 167, 273, 275, 342

그로스, 데이비드 167, 168

근본 법칙

-과 상보성 302-304, 307

-과 시간역전 215-218, 270-275

국소성의 원리 104, 106-108,

110, 113, 144, 146, 154, 167, 273, 275, 342

뉴턴의 연구 29, 30, 107-109

- 대 사람의 법칙 142-144

분광학에 의한 확인 163

-의 보편성 47, 70, 103, 106

-의 원리 103-107

-이 성립하지 않는 우주에 대한 상상 112-114

입자물리학의 토대로서의- 177-181

코어 개념 179-185

→ 고전역학, 개별 법칙에 관한 항목들

근본적인 힘 154-158, 178

-과 역동적 복잡성 200, 201

코어 개념과 양자장 이론 179-186

→ 개별 힘들에 관한 항목

글루온 102, 129, 179, 181, 216, 219, 220, 224, 250, 265, 305, 313, 319, 329

-과 색전하 130, 328

-의 아바타인 제트 334-337

-의 행동과 성질 123, 130-132, 169, 171, 176, 326

금성 26, 27, 206

급진적인 보수주의 25, 29, 46, 158

기 170

기본 입자
　구성의 입자 122-133
　변화의 입자 122, 329-330
　보너스 입자 122, 176, 274, 332, 333
　설계 입자와 스마트 물질 134-141
　암흑물질의 성분 285, 288
　액시온 180, 235, 239, 269, 286-289
　-에 대한 근본적인 힘의 영향 155-157, 179-181
　-의 성질 115-122, 325-329
　힉스 입자 95, 182, 248-255, 288, 329-331, 341, 342
　→ 개별 입자 항목들
기하학 → 유클리드 기하학
기후 변화 98, 206, 207, 314

ㄴ

〈나 자신의 노래〉(휘트먼) 37, 38
나이테 연대 측정 86, 87
노벨상 62, 129, 137, 168, 233, 240, 258, 339, 340
뇌의 처리, 속도와 복잡성 89-92, 96-99, 198, 203
뉴런 12, 90, 92, 140, 197, 198, 305, 314
뉴턴 역학 → 고전역학

뉴턴, 아이작 11, 25, 29, 30, 43, 107-109, 144, 146, 147, 171, 172, 248-250, 255, 270, 277, 279, 280, 311, 320

ㄷ

다성음악 307
다이슨 구 189, 238
다중우주 70
달의 순환 79, 80
대칭성 119
　시간역전 대칭과 T 위반 215-218, 270-275, 289
대형 강입자 충돌기(LHC) 253
데모크리토스 115-117, 121, 147
도덕성과 과학적 이해 314, 315
도플러 효과 57
동굴의 비유 243
동기화 80, 192
동물의 지각 244-246
디랙, 폴 151, 177, 178, 181, 264
디지털 사진술 202

ㄹ

라비, I. I. 332
라스커, 에마누엘 291
램지, 프랭크 74-76
러더퍼드, 어니스트 66, 67
레이노스, 욘 망네 137

레이저 간섭계 중력파 검출기(LIGO) 96, 258-260
로봇 140, 263, 264
로저스-라마찬드란, 다이앤 262
로저스-라마찬드란, 빌라야누르 262
로즈, 리처드 164
로플린, 로버트 137
루이스, 길버트 128
르메트르, 조르주 58
르베리에, 위르뱅 277, 278
리비트, 헨리에타 55
린데, 안드레이 227

ㅁ

마스든, 어니스트 66-68, 94, 165
마스카와, 도시히데 273, 274
마이크로파/마이크로파 복사 149, 224
　　우주배경복사 221, 224, 227, 228, 233, 235, 286, 280
마젤란 성운 55
마태 효과 232
망원경 13, 15, 24, 37, 47, 222, 229, 246
매더, 존 233
맥스웰 방정식 149, 151-154, 158, 159, 271, 329
맥스웰, 제임스 클러크 89, 145,

147-151, 311
메타물질 138
모든 것의 이론 307
모차르트, 볼프강 아마데우스 89
물질
　-로서의 공간 72, 73, 139
　-로서의 시공간 73, 95, 256
　-로서의 인간 320, 321
　마음/물질 관계 104, 105, 111, 269, 320-323
　보통 물질의 정의 122
　-의 기원 220, 221
　-의 빌딩 블록 확인하기 101, 102
　-의 으뜸 성질 115-121, 133, 325-329
　-의 행동을 지배하는 일반 원리 103-114
　- 탐사를 위한 현미경 기술 60-68
　→ 기본 입자, 암흑물질, 암흑에너지, 장, 질량
물질의 근본적인 성질 115-121, 133, 325-329
　→ 전하, 질량, 스핀
뮈르헤임, 얀 137
뮤온 332, 333
미스터리 268-292
　-는 어떻게 끝나는가 289
　시간역전 216-218, 270-275,

289
　　암흑물질 문제 276-281
　　액시온 180, 229, 239, 286-288
　　- 자체의 미래 289-292
　　→ 암흑물질, 암흑에너지
밀리컨, 로버트 129

ㅂ

바둑 312
바울(사도) 242
바이스, 라이너 258, 259
바일, 헤르만 184, 185
박쥐 244
반중성미자 84, 175-177, 220
반쿼크 219, 224, 335
방사능 156, 169
방사성 동위원소 연대 측정 83-88, 223
배리시, 배리 258
벌 246
벌컨 278, 279
변화
　　-와 시간 81, 82
　　-의 기술로서의 근본 법칙 103, 105, 106, 181-186
변화의 입자 122, 329-330
보너스 입자 122, 176, 274, 332, 333
보르헤스, 호르헤 루이스 240

보손 250, 251, 329
보어, 닐스 161, 162, 295-301, 312
보편성, 기본 법칙의 47, 48, 70, 103, 106
복잡성 231-241
　　단순성에서의- 231, 240, 241, 271
　　역동적- 190-201
　　역동적 -의 창발 요인 232-239
분석과 종합의 방법 29, 30
불안정성/비평형
　　중력 불안정성 217-219, 225, 232-234, 236, 271
　　→ 임시적 안정성
불확정성 원리 298, 299
붕괴 과정
　　-과 원자 스펙트럼 160, 161
　　방사성 동위원소 연대 측정 83-88
　　양성자 붕괴 182, 184, 200, 239
　　중성자 붕괴 175, 176, 199, 200
브라헤, 튀코 27
블랙홀 45, 96, 217, 218, 258, 260, 261
블레이크, 윌리엄 19, 195, 243
비트겐슈타인, 루트비히 74
빅뱅 이론 58, 212, 215-225
　　암흑물질/암흑에너지 284-286
　　-의 가정과 원리 215-221, 234,

235

  -의 잔광 220, 221, 223, 224, 227-229, 235, 285, 288

  -의 증거 58, 221-225, 227

  -이 일어난 때 59, 68, 83, 227

  - 재창조의 가능성 239

빛 127, 128

  -과 현미경 60-62

  광양자 가설 128, 129, 150-153, 161

  별의 밝기와 우주적 거리 측정 53-55

  -의 속력 50, 59, 60, 257, 260, 283

  -의 휨(중력 렌즈) 280, 281

  인간에게 보이는- 245, 246

  전자기 교란으로서의- 148, 149, 151

  → 광자

ㅅ

사고

  -의 속도 89-92, 98

상대성 273

  → 일반상대성, 중력, 특수상대성

상보성 293-315

  겸허함과 자긍심 사이의 - 313-315

  -과 설명의 수준 302-307

  과학에서의- 295-307

  마음의 확장으로서의- 294, 310, 311

  양자역학에서의- 296-302

  음악과 예술에서의- 307, 308

  -의 기본 원리 294, 310, 311

  인간의 이해가능성과 정확한 이해 사이의- 312, 313

상상 37, 42, 97, 98, 114, 137, 150, 172, 181-183, 198, 201, 216, 250, 294, 312

상호작용 대 힘 156, 157

  → 근본적인 힘, 특정한 힘의 항목들

색 시각 244-247

색전하 117, 130, 132, 181, 182, 250, 328, 329, 335

  특정 입자 유형의 색전하 123, 132, 330, 332, 333

성단 54, 88

세네카 77, 78

세페이드 변광성 55, 56, 283

세포생물학과 처리 139-141

소크라테스 243

속도

  속도/위치 측정의 상보성 296-304

  → 가속도, 속력

손, 킵 258

수성 26, 87, 277-280

슈리퍼, J. 로버트 138

슈베르트, 프란츠 89

슈퇴르머, 호르스트 137

슈퍼 마리오 113

스마트 물질 139-141

스무트, 조지 233

스위프트, 조너선 99

《스타메이커》(스태플던) 77

스타인하트, 폴 227

스태플던, 올라프 77, 78

스펙트럼과 분광학 159-163

스피논 138

스핀 117-121, 125, 204

　특정한 입자 유형의 스핀 119,
　123, 132, 133, 330, 332, 333

시각

　시차 51, 54

　인간의- 13, 14, 17, 51, 64, 65,
　90, 245, 246, 291

　현미경 기술 60-68

시각 예술 308

시간 결정 94, 238

시계 5, 15, 24, 41, 43, 44, 76, 79,
81, 82, 92-94, 109, 110, 230,
246, 342

시공간 122, 185

　-과 거리 측정 45, 46

　-과 중력 172-174

물질로서의- 73, 256

시차 51, 54

-의 곡률 172-174, 256-258,
282-284, 337, 338

-의 왜곡의 탐지 96, 258-261

ㅇ

아로바스, 대니얼 138

아우구스티누스 78, 229, 230, 311

아원자 구조와 상호작용 66-68,
71-73, 94, 124

　→ 기본 입자, 특정 입자 유형 항
　목들

아인슈타인, 알베르트 10, 11, 41,
42, 45, 72, 73, 78, 95, 128, 129,
133, 150, 152, 155, 162, 169,
172, 173, 183, 215, 226, 257,
268, 271, 279, 280, 282, 286,
295, 298, 300, 301, 321, 323,
326, 327

《알마게스트》(프톨레마이오스) 27

알파제로 290, 291

암흑물질 48, 215, 229, 239, 269,
275-278, 280, 281, 284-286,
288, 289, 333, 338

암흑에너지 48, 276, 279-286, 338

애니온 137, 138

애덤스, 존 쿠치 277, 278

액시온 180, 235, 239, 269, 286-

289

약전하 329

약한 핵력 84, 155, 156, 175-177, 249, 250, 330

  -과 태양의 핵융합 199, 200

  통일장 이론 181-184, 239

양성자 102

  - 붕괴 182, 184, 239

  -의 내부 165-170

  중성자 붕괴의 산물로서의- 175-177

  태양의 핵 연소 과정에서- 199, 200, 235

  행동과 성질 124, 129-132, 165

양자 17, 118-120, 287

  → 기본 입자, 각각의 입자 유형 항목들

양자 조건 151, 152, 159, 161, 162

양자 지각 264-266

양자론과 양자역학 264, 265, 273

  양자 상보성 296-302

  양자 조건과 각운동량 117-120

  양자 지각과 자기 지각 264-267

  양자론과 아원자 거리 측정 71-73

  양자장과 페체이-퀸 이론 150-154, 180, 275, 287

  -의 수학 151, 162, 180, 297, 300

  -의 출현 162, 295, 296

  -의 특징과 성질 117-119, 264-266

  파동함수와 복잡성 241

양자색역학 → QCD

양자전기역학 → QED

양자컴퓨터 138, 238, 265

어휴먼(연간 사람 에너지) 188

에너지

  별에 공급하는 힘 169, 199, 200, 234, 237-239, 330

  사람의 에너지 사용과 그 원천 187-189, 205, 206, 237-239

  - 손실 165, 169, 199, 200

  숨은 에너지 169, 170, 238

  암흑에너지 48, 276, 279-286, 338

  -와 관성과 중력 174, 326, 327

  -와 장의 존재 147, 148

  -와 질량 131, 169-171, 174, 325-327

  -의 풍부함 187-192, 200, 237-239

  준입자와 관련된 성질 138

엑스선 회절 패턴 62-65, 94

엑시톤 138

엘리엇, T. S. 91

열 사멸 237-239

열 평형 219, 220, 234, 235

열기구 303, 304

영상 획득 기술 60-68, 94

오마르 카이얌 249

온도

　-와 기후 변화 206, 207

　-와 분자 변화 196, 197

　→ 열 평형

와인버그, 스티븐 287

왓슨, 제임스 64

《용의 알》(포워드) 98

우주 끈 239

우주 상수 279, 282, 283

우주

　- 대 다중우주 70

　-의 균일성 47, 48, 70, 218

　-의 미래 진화 237, 238

　-의 크기와 규모 35, 36, 68-70

　-의 팽창 56-58, 211, 212, 215-
　217, 222-224, 237, 283, 284

　→ 천문학과 우주론, '우주'로 시
　작하는 항목들

우주배경복사(CMB) 221, 224, 227,
　228, 233, 235, 286, 280, 288

우주선 84, 202, 332

우주적 거리 39, 50-54

　우주의 지평선 56-60, 68-70

원자

　- 구조 66-68, 101, 102, 122,
　123, 129, 156, 158, 159

　기본 빌딩 블록으로서의 - 101,
　102, 115

　- 모형과 상보성 303, 304

　복잡성의 빌딩 블록인- 193-195

　→ 원자핵

원자 스펙트럼 159-163

원자시계 15, 41, 43, 93, 94, 109-
　111, 342

《원자폭탄 만들기》(로즈) 164

원자핵

　-과 약한 핵력의 과정 176

　-의 성분과 성질 101, 102, 123,
　130, 131, 158, 159, 164, 165

　-의 형성 224, 225

　→ QCD

웰스, H. G. 220

위성 48, 248

윌슨, 로버트 224

윌킨스, 모리스 64

유도 법칙 145-148

유전공학 314

유클리드 40, 71

유클리드 기하학 39-41, 44-46, 51,
　71, 72, 226

음악 81, 162, 163, 192, 213, 297,
　307, 309, 319

《이상한 존》(스태플던) 315

인간 정신

　마음/물질 관계 104, 105, 111,

269, 320-323

마음의 확장으로서의 상보성 293, 294, 310, 311

인간 행동 예측 305, 306, 308-310

인공위성 40-44, 73

인공지능 92, 97, 98, 112, 239, 312, 314

〈인생의 짧음에 관하여〉(세네카) 77

인지 처리 89-92, 96-99

인플레이션 개념 225-227, 234, 271

일반 법칙 → 근본 법칙

일반상대성 45, 46, 95, 133, 279

  기본 원리 172-174

  -과 공간의 성격 71-73, 95, 172-174, 337, 338

  -과 수성의 운동 279

  -과 중력 렌즈 281

  우주 상수 279, 282, 283, 286

  → 중력파, 중력

임시적 안정성 194

입자 109

  산란 실험 66-68, 94, 165

  -와 장 150-154

  → 기본 입자, 준입자, 특정 입자 유형 항목들

입자가속기 15, 332

ㅈ

자긍심 313-315

자기홀극 239

자외선 복사 149, 246

자유의지 309, 310

자이로스코프 43, 117, 118

잔광

  빅뱅의 잔광 220, 221, 224, 227-229, 235, 285, 288

  중성자별이 합쳐질 때의 잔광 261

  → 암흑물질

장 144-154, 108, 109

  19세기의 장 연구 145-150, 158, 159, 256

  양자장 150-154

  → 특정 유형의 장에 관한 항목들

재료과학, 미래의 138-140

적색편이 56, 57, 223, 237, 283

적외선 복사 149, 246

전기력과 전기장 145, 150, 151, 158

전자

  디지털 처리에서의- 92, 97, 98, 203, 204

  붕괴 과정의 산물로서의- 84, 85, 175-177

  -와 원자 구조 102, 123, 124, 129, 158, 159, 162

  -와 준입자 135, 137

-의 행동과 성질 119, 122-127, 130, 153

전자기력과 전자기장 130, 144-156, 327

　맥스웰 방정식 148-152, 158, 159, 271, 329

　시간역전 271

　→ QED

전자기파 256, 257

전하 130, 144, 327, 329

　구멍의- 135, 136

　원자핵의- 123

　특정한 입자 유형의 전하 123, 132, 330, 332, 333

　→ 색전하, 전기적 전하

점근적 자유성 182, 183, 216, 289, 334, 335

제트 334-337

조합적 폭발 193-195, 198

종교 10, 11, 310, 311, 317, 340

좌표계 41

주사현미경 65

준입자 135-139

중력 171-174

　-과 복잡성 201, 232-234

　-과 시간역전 271

　-과 우주의 기원 217-220, 222, 225, 285

　근본적인 힘인- 155, 156

뉴턴의 중력 이론 107-109, 144, 145, 171-174

　중력 렌즈 281

　중력 불안정성 232, 233, 236, 285, 286

　통일장 이론 181-184, 239

　→ 암흑물질, 암흑에너지, 일반상대성, 중력자

중력자 132, 133, 228, 235, 326

중력파 탐지기 47

　중력파 255-261

중성미자 175, 199, 219, 228, 235, 252, 330, 331, 341

중성자 102, 124

　중성자 붕괴 175-177, 199, 200

중성자별 98, 258, 261

지각의 확장 14-19, 242-267

　-을 위한 기술 24, 246, 247, 260

　-의 미래의 잠재력 262-267

　중력파의 발견/탐지 255-261

　힉스 입자의 발견/탐지 248-255

질량

　-과 관성 325

　-과 에너지 169, 170, 326

　-과 중력 172, 174, 325, 326

　-과 초전도 136

　근본적 성질로서의- 117, 120, 325-327

　암흑물질과 암흑에너지에 의해

공급되는- 282, 284

원자핵의- 67, 123

질량의 기원 169, 170

특정한 입자 유형의- 123, 131,
132, 325, 326, 330, 332, 333

→ 물질, 암흑물질, 암흑에너지

ㅊ

창발적 성질 306

천문학과 우주론 189, 190

 -과 분광학 163

 -에 대한 램지의 견해 75, 76

 -에 의한 시간 측정 79, 80

 우주에서 물질의 풍부함과 균
 일함 47, 48, 70, 217-219, 226,
 232-234

 우주의 지평선 56-60

 우주의 측량 47-56

 천문 관측 26, 27, 47, 48

 프톨레마이오스의 종합 27, 28

천왕성 214, 277, 278

체스 290, 291, 312

초끈이론 180

초신성 284, 331

초전도 136

초전도체 136

추이, 대니얼 137

츠바이크, 조지 166

ㅋ

커밍스, 레이 79

컴퓨터 게임 113, 114

케인스, 존 메이너드 74

케플러, 요하네스 11, 25, 28-30,
 213, 214, 280

코어 개념 179-185

코페르니쿠스, 니콜라우스 27, 28

쿨롱의 법칙 144

쿼크 102, 179, 219, 220

 보너스 입자 274, 332, 333

 -와 약한 핵력 과정 175-177

 -와 QCD 167, 168, 290

 -의 발견/탐지 165-167

 -의 아바타인 제트 334-337

 -의 행동과 성질 119, 123, 130-
 132, 167, 168, 170, 334-337

퀸, 헬렌 275

큐비즘 308

크로닌, 제임스 272, 274

크릭, 프랜시스 64, 320

클레이 재단 290

키르케고르, 쇠렌 295

ㅌ

타우온 332, 333

탄소 동위원소 연대 측정법 83-87

태양

 -의 나이 89

지구에서의 거리 50, 51

진화와 미래 87, 234, 238

표면 온도, 태양의 분자 과정 196, 197

→ 태양 에너지

태양 에너지 188, 189, 199, 200, 234, 235

- 수집과 사용 138, 205, 206

- 와 역동적 복잡성 189, 190, 199-200, 234, 235

테니슨, 앨프리드 69

톰슨, J. J. 124, 125

통일장 이론 183

트랜지스터 92, 135

특수상대성 41, 45, 128, 174, 326

ㅍ

파동 56, 57, 61

→ 특정 파동 유형 항목들

파동함수 241, 296-298

파스칼, 블레즈 36, 38

파스쿠알-리오니, 알바로 17, 18

파울리, 볼프강 331

파인먼, 리처드 12, 101, 115, 264, 339

파충류 246

파티클 데이터 그룹 웹사이트 334

판 구조 169

패러데이, 마이클 145-149, 154, 256

페체이, 로베르토 275, 287

펜지어스, 아노 224

펨토화학 94

포워드, 로버트 98

폴라리톤 138

폴리처, 데이비드 168

필라넨, 미나 307

표준 촛불 52-56

표준모형 → 코어 개념

풍부함 12-14, 35-38

프랭클린, 로절린드 64

프랭클린, 벤저민 127

프로인드, 피터 119

《프린키피아》(뉴턴) 144

프톨레마이오스의 종합 27

플라스몬 138

플라톤 213, 243, 311

플랑크 길이 72, 73,

플랑크 상수와 플랑크-아인슈타인 공식 152, 161, 162

플랑크, 막스 128, 150

플럭손 138

피어스, 존 R. 31, 316

피치, 밸 272, 274, 289

피카소, 파블로 308

ㅎ

하위헌스, 크리스티안 92

하이젠베르크, 베르너 151, 298-
  301
해석의 사다리 64, 68
해왕성 214, 278, 280, 288
핵 에너지 178, 207, 330
  별에서의 핵 연소 199, 200, 235,
  237, 238, 330
핵 화학 98
  → 원자핵
핵무기 330
핵물리학 164
  → 원자핵
허블, 에드윈 56-58, 212, 215, 218,
  219, 222, 283
헤르츠, 하인리히 149, 150
헬륨 66, 199, 224

현미경학 60
호지킨, 도로시 크로푸트 64
화석 연료 206
환상 손 262, 263
휘트먼, 월트 37, 38, 198
휠러, 존 174, 255, 256
흄, 데이비드 311
히아데스 성단 53
히파르코스 우주 계획 51, 54
힉스 응축체 182, 250-252, 329
힉스 입자(힉스 보손) 95, 182, 248-
  255, 288, 329-331, 341, 342
힉스, 피터 250, 255
힘 → 근본적인 힘, 그리고 특정 힘
  에 관한 항목들

Fundamentals
Ten Keys to Reality